JN236049

農業と農学の間

東京大学名誉教授
農学博士
金沢夏樹 著

東　京
株式会社
養賢堂発行

はしがき

1) いま日本国民の多くが農業という問題を急速にその念頭から失ないつつある．農業問題に対する関心は稀薄化し，あらゆる意味で日本全体の農業離れが進行中である．農政の姿勢にさえもその反映が感じられる．

その中にあって「食」への関心が高まっていることは注目されるものがある．輸入食料や遺伝子組換え等を含めて「食」の安全，安心への強い関心をしめすものではあるが，しかしその関心は農業という背後の問題の関心にまではつながっていない．農業にまで眼を向けてもらうためにはどうしたらいいか．

それでも最近「食と農」というセットのフレーズで，「食」と「農」を結びつける風潮も一部にみられるようになった．しかしそれは食の安全と農業の自然保護的機能を結びつけてそこに食と農の文化的憧憬を語ることがいまのところ中心になっている．この生活視点に立つ「食と農」の関心は極めて重要だが同時にその基底に於て生産視点の深い洞察が裏付けされている必要がある．農業を見る眼とは「生産」と「消費」の対立論理を明確にしながら共存と調整の具体策を探ることである．自然への思いもそこに連結されるべきである．言われている「食と農」に，もう少し農業生産という太い骨組みを加えたい．

第1章の中で私の大きな関心事の一つは農学と農業の距離もまた急速に拡大しつつあるのではないかという危惧である．農業離れは農学研究者の間にも進み，農業への問題意識も急速に稀薄化しているように見える．

大きくは二つの理由があろう．

一つは国際的な市場経済を伴うグローバリゼーションの大涛による農業への打撃であり同時に都市化による農村の変質である．国民経済における農業の地位の著るしい後退を誰もが農業は最早やマイナー産業でしかないと受け取るようになった．農業を魅力ある研究対象として考える意識も稀薄化する．

二つには農学周辺の諸科学の分化による専門化と精緻化が進んだことと関連する．その事自身農学の大きな進展といえるが，そこには分化された研究対象へのみの関心があるだけであって，その目的が意識されていない場合が多々あるとすればそれは本当に農学の進歩と結びつくだろうか．科学の分化還元は進歩の必然的な道程であるが，しかし対象だけへの関心があって，目的意識がな

いとすれば，農学とよぶのは適当であろうか．農学研究者の農業離れはここから始まる．

2) 然らば農学とは何か，というより農学のエッセンスは何に求めたらいいか．本書で私は農学を "Mission Oriented Science" として特色づけようとした．ここで Mission というのはプロテスタンティズムでいうベルーフ（Beruf）の意味であって召命という意味を含んだ人間の生き方，生き甲斐にかかわっての社会的使命倫理ということができようが，農学も Mission という大きな使命目的に支えられた一つの研究分野であろうと思う．その目的とは広い意味での農業への貢献である．Mission としての農業の持つ意味を食料の生産，消費，環境社会にわたって，人間と社会の大きな営みの中に見出す必要がある．農業に含まれるべき領域もいまや広がっているだけでなく深刻化した．

Mission Oriented としての農学は研究対象と目的が結びついているから，いいかえれば純粋に抽象的な研究分野であろうと，その目的意識において農業への視座がふまえられてるならば，農学と呼んで少しも矛盾しない．もしそうした目的意識を欠くとすれば，敢て農学の名を冠する意味も生じない．基礎科学，應用科学の区別に Mission Oriented Science は拘わらない．農業の社会的使命を根本的に考えることの中に農学はその背骨を得るのである．いいかえれば，農学研究者も一人の市民として立ち返ったときに農学研究者も本当の存在の意味が得られるのではないか．

もう一つ厄介なのは研究の総合化ということである．生物を取扱い生産を取扱い，かつ社会的 Mission としての農業を取り扱う場合，全体的な把握の必要のために分解とならんで総合がつねに念頭にあるのは当然である．

しかし総合ということは総合の中心に何をおいて諸関係を位置づけるかという主体的な目的意識を必ず持っている．

この主体的な作業である総合化は農学研究の実際の姿から見ると，おそらく三つの類型が考えられる．一つは個としての主体が分化された諸事実を集めて一つの有機的結合の全体像を示すための総合である．二つは複数の専門研究者のチーム編成による総合である．コーディネーターの役割りは大きい．三つは例えば地域農業のあり方等のいくつかの立案研究主体が重層的に重なりあって，視点を加え，或いは絞りこむ作業を伴う総合化である．農業としての総合研究の場面はここまで拡がっている．

個々の研究対象それ自身が複雑系である農学の場合，その総合化のためには帰一する目的意識の明確化が基本だと思える．そのためには農学と農業との間には何が設定されるべきか．第2章では農学の推進者という立場から見た農民と農政が果たした意義を考えた．

3) 第3章，第4章は持続的農業のために自然と経済の共存を願って近代農業経営学がいかに苦闘を強いられたかを知ろうとするものである．農業経営学の基礎的理論である「生産力と収益性」の関係論も「規模と集約度」の関係論も実はこの苦闘の過程の中から生れた．アーレボーはこれを調整論といった．
　テーヤに始る農業経営学はそもそも持続性ということを根幹においた．しかし19世紀末から20世紀にかけて，ヨーロッパ農業経営学は，特にドイツ農業経営学は市場経済化の大涛の中で苦闘した．多くのドイツ農業経済史はこれを良く伝えているが，それはまさにシュトルム，ウント，ドラング（疾風怒涛）とよぶにふさわしい時代であった．二つの大涛があった．一つはリービッヒの鉱物質肥料の提唱である．これはそれまでの厩肥による農業重学的思考を打ち砕いたというだけでなく，テーヤ農学の体系の一変を意味した．テーヤの後継者ともいえるシュルツェ（G. Schultze）は「テーヤか，リービッヒか」という著書で対応している．もう一つの涛はチューネン，ルネッサンスとよばれる新らしい市場経営経済学の抬頭であって，多くの農業経営研究者が輩出した．アーレボーはテーヤ，シュルツェ，ゴルツと続く正統派ドイツ農学経済学（経営学）のいわば嫡子的存在であって，テーヤの深い影響がうかがえる．しかし一方，アーレボーはチューネンルネッサンスの新らしい旗手でもあり，市場経済にもとづく近代農業経営学の先頭にたった．アーレボーは時代の申し子のような位置にあったが，それだけアーレボーの苦悩は農学と市場経済の関係とその調整にむけられていたことは彼の著作の中によく理解できる．アーレボーにとって，経営調整とは「生産力と収益性」「長期と短期」の対立的二面性を主体的に解決するための重要なキーワードであった．アーレボーは自己調整論に多くの紙数を与えている．
　アーレボーの「農業経営学汎論」とならぶ彼の大著「農政学」はこの自己調整のための施策体系の構想である．アーレボーの問題はそのま〻現代の農業の課題であるということができる．アーレボーの特色も矛盾もここに集約する．

付論として19世紀ドイツ初期農学の体系化の系譜をみた．主として「シュルツェ農学」とよばれるものと，その祖述者としてのゴルツを取りあげた．
　第4章では持続的農業における技術と経済の相互交渉の関係を，アーレボーとその次の時代を担ったアンドレーの二人の農業経営研究者の「調整論」の中で考えようとした．アーレボーにもアンドレーにも調整論はそのキーワードであった．つまり長期的な規模視点と短期的な管理視点の調整であったが前者をもって生産力的に後者をもって収益論的にと把えようとしたのである．アンドレーはこの二つを組織集約度と管理集約度という二つの視点から調整の具体的な問題を把えている集約度論を通しての農業経営学の根幹的な接近であった．
4) 和辻哲郎の「風土」に関連して和辻哲郎論私見をのべた．本書「風土」には「人間学的考察」という副題が付されているように，人間を全面に押し出した歴史観の特色がうかがえる．したがって和辻が何を歴史とみるかその歴史観の骨組みを知ることが重要な鍵の一つになる．自然を自然として把えることを止めて風土として考察したいという和辻の言う意味は，人間は自然環境の中で客観的に始めて自己を発見するものであること，そしてその発見にもとづいて，それへの対応の歴史を積む，これが風土というものだということである．和辻が風土は人間の自己了解の仕方であるというのはこの意味である．

　「風土」に示される和辻の自然と歴史の認識の特色はこうである．一つは「歴史とは本来風土的歴史である」とともに，二つには「風土とは歴史的風土である．」いってみれば前者は自然要因に対する人間の受容的な対応の歴史に着目するものであり，後者は人間の自然要因そのものの積極的な改変に着目するものであった．

　しかし和辻の論述をみると，前者の「風土的歴史」について読者の強い関心と共感を惹くものがある．

　だが後者の「歴史的風土」はほとんどある種の読者の期待に応えていない．それは主として和辻の歴史学の認識と批判にもとづいていると思えるが，人間主体の風土論を説く和辻にとって史的発展の基礎を物質的生産過程のみに置く歴史哲学とは異質だったからであろう．和辻の主題は人間にあった，当然に和辻の所論は多くの歴史研究者の満足を得たとは思われないが，和辻の場合「歴史的風土」は歴史を語ろうとして，人間的であると同時に実は地理的接近とも言えるものであった．和辻の「風土」は歴史学の批判の試みの一つだが，結果

として地理学的な色彩のつよいものとなった．和辻の場合，歴史という用語を使いながらきわめて地理学的発想で一貫している．

　地理学と歴史学は相互に隣接した分野であるに関らず，現実での距離はその視点，方法ともに小さくはない．しかし歴史学と地理学とはもっと大きい接点となる部分をもつべきはずのものである．和辻を介して，歴史学と地理学の間を考えようとしたのもこのためである．

　5）終章は新らしい農業経営政策についてその大綱への所感をのべたものである．日本の農政も始めて政策として個と国とが向いあった．国と個の新たな問題と局面が生れる．どれだけの覚悟が両者にあるのか．

　出版事情がなかなか厳しいこの時節に出版を引きうけて頂いた養賢堂及川社長にお礼を申しあげる．

2002年8月

杉並区善福寺池畔寓居にて
金沢　夏樹

目　次

第1章　いま更めて農学を考える ― Mission Oriented Science ― ……1
- 1. 更めて農学を考える ……1
  - (1) 農学の現在 ……1
  - (2) 農学と官学 ……4
- 2. Mission Oriented Science ……6
  - (1) 農業と農学の距離 ……6
  - (2) Missionの意味 ……7
  - (3) Missionとしての農業の役割り ……9
- 3. 総合研究について ……13
  - (1) 総合研究とは何か ……13
  - (2) 総合研究の三つの領域 ……14
- 4. おわりに―農業と農学の思想 ……19

第2章　農学研究推進者としての農民及び農政 ……22
- 1. はじめに ……22
- 2. 農学研究推進上の農民 ……23
- 3. 農学研究の農政とのかかわり合い ……29

第3章　F.アーレボーと現代―農学と市場経済― ……40
- 1. はじめに―アーレボーと三つの問題― ……40
- 2. アーレボーの略歴 ……43
- 3. シュトルム・ウント・ドラング（Ⅰ）―リービッヒと農業経済学― ……45
- 4. シュトルム・ウント・ドラング（Ⅱ）―チューネンルネッサンスと農業経営学― ……50
- 5. アーレボーの学説の体系と特色 ……54
  - Ⅰ. 有機体論と市場経済―農業経営組織―集約度論，調整論― ……54
  - Ⅱ. 農業経営成長論―個と地域― ……57
  - Ⅲ. 個と国家―その共存へ― ……58

6. おわりに …………………………………………………………60
付　論―ドイツ初期農学体系におけるシュルツエとゴルツ― ………65

第4章 持続的農業の「自然と経済」―農業経営的接近― …………71
1. 環境保全型農業のマクロとミクロ …………………………………71
2. 有機体アナロジー ……………………………………………………73
3. 持続的農業に対する経済側からの接近 ……………………………74
4. 最少率と適正比率への経済的接近－適正集約度 …………………75
5. Organizational intensity と Managerial intensity …………………78
6. 組織集約度と管理集約度の分化と意味 ……………………………80
7. 経営調整（adjustment, Anpassung）ということ ……………………82

第5章 風土論雑感―和辻哲郎論私見― …………………………………86
1. 歴史と自然 ……………………………………………………………86
2. 気質と風土 ……………………………………………………………89
3. 歴史学と地理学の間 …………………………………………………94

第6章 「農業構造改革推進のための経営政策」（大綱）所感
　　　　－個と向かい合う農政－ ……………………………………98
1. はじめに―転換期の農業政策― ……………………………………98
2. 横井時敬の「個としての農業者」の主張 ………………………100
3. 農業経営政策への足どり …………………………………………102
4. 二つの経営政策 ……………………………………………………103
5. 新農業経営政策の具体的な二，三の課題 ………………………105
　（1）効率的安定的農業経営モデル …………………………………107
　（2）認定農業者 ………………………………………………………108

第1章 いま更めて農学を考える
— Mission Oriented Science —

1. 更めて農学を考える

(1) 農学の現在

(i) 農学の現状について強い危機感をもっている研究者は非常に多い．反対にこうした問題に無関心な農学研究者もいる．さらに分化，精密化が進んで，農学は一層高い段階に至ったと考えている研究者もいるし，反対にこの傾向を疑問視する研究者もいる．立脚する視座のちがいがあるが，その危機感はどのような性質のものか．

しかしふりかえってみると，「農学とは何か」はたえずくりかえし問われ続けられて来た問題であった．そこに自問をせまる何かがあったからであろう．この問いは日本の場合主として大学や試験研究機関の研究者から発せられた．私自身も東京大学農学部で農学第一講座という名の講座を長年に亘って担任したが「農学とは何か」はつねに念頭を離れることはなかった自問であった．

「農学とは何か」，この問いかけがまず研究者自身から主として発せられたのも当然だが，農業者から発した農学のあり方に対する問いかけは明治以降でも微弱であった．この点，医学や工学の発展が民間その他からの外部的刺戟を享受しつつ育った事と比べると農学の場合とは少し違うものがあったといえるのではないか．

農学の発展の過程で農学と農業，農民との間には距離があった．「農学栄えて農業衰う」は主として農学研究者自身から発した慨嘆であったが，それは農学が農業との深いつながりの稀薄化傾向に対する嘆きであった．いま「更めて農学を考える」というのも，まず第一に広く農学研究者に共通と思われた農学と農業の一体感覚は弱化し，したがって農学が農業に対して負うべき責任感にも大きな変化がある事実から多くの場合発している．しかしこの自問自体にも大きな内容的変化があった．農学にも農業にも時代的変化が大きかったからである．

第1章 いま更めて農学を考える

とはいえ「農学とは何か」という自問がこれ程絶えずくりかえされて来た理由は何故だろうか．いつも農学研究者の心のどこかに引きかかっていたこの自問の本体は何であろうか．

これまでのこの自問の骨格は大きくは二つの問題意識から出発している．一つは農学の近代科学としての方法論に広く関係している．一方的に分解的，還元的研究が進み，その寄与は非常に大きいがそれが進めば進む程全体像がわからなくなる反省をこめての総合性への指向を意味している．二つは農学が農業発展にどれ程の寄与をなし得たかという自問と反省である．食料の安定供給とか生産者の経済的安定等を含めて，農業の発展どころか荒廃さえを招くようなことはなかったか．この二つの反省はたえざる自問の核をなしてきた基底のものであった．

しかし情況は著るしく変化した．農学も農業もともにである．一つには専門分化と周辺科学の進歩—生命科学，情報科学，環境科学等の急速な進歩—に対する研究分野の再編が急がれる状況変化がある．他方にグローバル化，国際化のもとでの日本農業の地位低下，自由市場競争，さらに資源保全の難しい課題がある．こうした近来の状況下で農学研究者の問題意識も変る．農業の実態対応に特別の構想をも持つこともなく，また責任感をもつこともなく科学は科学という対象だけに関心を持ち，それで良しとする気持が強かったと思う．

(ii) 研究対象が拡り，分化し，かつ生物学自身の著るしい変化の中で「農学とは何か」を問い直さざるをえないのは当然である．しかし分化を進めている専門領域の間に一つの連繋を考えることは当然としても，農学の名において括りたいということはどういうことだろうか．周辺諸科学の分化分解を農学の中に関連させ位置づけしたいということはどういうことだろうか．何故農学なのか，分化は分化のま、ですまないとすればそれはなぜか．

農学の中に相互関連性を見出し，ある種の総合性を見出そうことはその前提に農学の目的意識に共通性がなければならない．目的意識のない総合はありえない．もし周辺科学の分化という対象のみへの関心の先ばしりの反省がいま総合への関心を呼んでいるのならいいが，しかし総合の前提になる農学の目的意識をまだ稀薄化しているままではないのか．

農学という名を冠するというならば，農学がよって立つ方法と目的をはっきりさせておかなければならない．農学とは何かをいま更めて考えざるをえない

(iii) 一方農業自体の変容も更めて農学の反省を促さざるをえない．農業に対する責任感は永く農学研究者に共通したものであったが，農業に影響する社会，経済的条件も著るしくグローバル化し，環境条件とともに世界規模での国際間の問題となった．農業もこれまでの農学での課題を越えたといえる．しかし「グローバル，パラドックス」という事実が知られているように，グローバリゼーションが進めば進む程最末端の活動組織が活発となり強力になることが見られる．

　グローバリゼーションが世界を一様化し一元化させる方向に働くとしても，同時に各地域の個性や多様性を守ろうとする逆の力学が働らく．つまりグローバリゼーションはガバナンスの上方統合と下方拡散を促す二重の力学を内容している．「グローバル，パラドックス」とはこのことである（佐和隆光「改革の条件」岩波書店，2001）．グローバリゼーションとローカルゼイションは楯の両面ということになろう．

　農業がいま更めてその社会価値を問うという動きはこのグローバル化のパラドックスとして，一元化と対立するもう一つの力の現象だと考えていい．持続的農業に基礎をおく農業の多面的価値と多様性，地域性の強調はグローバル化の必然的な反面であり個性の主張である．農業は世界的規模での視点と地域性多様性の視点の両面を重視するものとして登場した．農学が農業のあり方に研究の基礎をおくべき重要さは増したといえる．当然のことに農学もまた新らしい変化が求められる．とくに重要なことは一般性とともに特殊性，個別性の存在の認識であって，それは農業自身に課せられた深い目的意識につながっている．

　(iv) はじめに述べたように，今日「更めて農学を考える」という動きは二種類ある．一つは従来の農学の周辺科学の分化，拡大や生命科学の進化に伴う研究組織体制の再編要求からきている．大学，研究機関の再編もこれと軌は一つである．二つは農業の動向と課題への農学の責任に対する自問からである．第1の要因は科学の進歩の道筋として当然のことに違いないがそれだけのことなら農学の名に固執する深い理由も認めにくい．事実多くの大学は農学部の名称を変更した．農学の名に拘泥せずもっと自由であっていい．しかしそれは同時に農業とも直接的な縁を切ったということにならないだろうか．

私見では農学はその深いところに農業が位置づけられているべきだと思っている．純粋に理論的であろうが，應用技術学的であろうが，自然科学的であろうが，社会科学的であろうが，農学とよぶかどうかは，農業という目的と使命に結びつく線を探る視座があるかどうかにかかっている．後にのべるように私は農学の本質を Mission Oriented Science だと考えている．したがって純粋に抽象的な研究であろうとも農業という大きな目的につなげる意志が働らいているなら，農学として位置づけられていいのではないかと思う．そして私がここで農学の危機をいうのは主としてこの農学と農業の関係の稀薄化である．しかし農業の課題も実内容も変った．果して農業は Mission として農学を導くことができるのか．

（2） 農学と官学

「農学とは何か」を考えるに当って実はもう一つ問題がある．

ここに官学というのは研究の課題が官の要求から多く出発したというだけでなく研究の主体に「民」が強く参入できなかったという両面をさしている．農学にはたしかに医学や工学の育った学問的環境とは異るものがあった．一口にいえば，いまでも日本の農学は官学とよんでいい特色をもっていた．そしてこの特色は今日まで引き続きそう言えるところにもう一つの特色がある．事実農業の政策方針がきまらないと研究方針も決めかねると嘆いた国の研究者の嘆きも聞いた．それは大づかみに言うなら食料自給と価格調整を基軸として来た日本の農政の時々の要求を反映するものであった．食料自給は産業発展を支えた低賃金政策の長年に亘る基礎であった．農業は重要産業ではあるが，しかし劣勢産業として育てられた．劣勢産業とは自から選択し，自から決することのない非自主的な人々によって支えられている産業をさす．東畑精一が戦前，日本農業を動すものは官であるとし，農民を日日同じことを繰りかえしている「単なる業主」と規定したことは知られている通りである．重要産業でありながらしかも劣勢産業である農業はかくて国の保護の厚いものとなる．農学も当然官学的色彩を濃くする．農民主体の農学であるファームマネージメントが欧米では農学成立の当初からその中枢をなしてきたが，表舞台への登場は日本ではごく新らしい．

医学の場合，その発展を担ってきたものは基礎医学と臨床医学であるとともに患者自身であった．臓器移植から脳死問題等をみるまでもなく科学と技術と

人間の三者一体的な関係の理解が問題の提起と解決に至るまで絶えず一貫する．分解と総合が人間を通して絶えず一体化し往復する．死の判定は更に広い．生理的な判定と社会的倫理の合意がなければならない．その意味では農学が生物生産を目ざしているのと同様に総合が人間を中心に広く体系づけられるのが医学の道であった．治療も科学もその上にあった．医学のあり方が民間から発せられそれが大きな声となっているのはこのためである．

　しかし農学の研究課題に農業生産者自身の声から発したものは多かったとはいえない．おしなべて農業者は「単なる業者」であった．消費者の声が漸く農業の流れに力を及ぼすに至ったのはごく新しいことである．

　工学が農学と違っていた点については工学の場合，その推進主体がかなりの部分，企業という民間にあったことである．研究における企業の開発力は大きく，農学が専ら国と縣の試験研究機関や大学等の公的機関を中心としてきたのに比べると大きな違いであった．当然に農学の場合は研究も農政の求むるところに従いその課題を得るといった受動的な姿勢も強かったと思う．農業技術研究の展開史は農政史に深く密着している．研究課題と農政施策は表裏一体であった．ちなみに一定数の研究者を備えた私立の農業研究所はない．（但し農学部を付置した私立大学は少くはない）この官学的環境が農学の場合の一つの特色を形成した．

　このことは農学が一国の農業に対してたえず責任を自覚するという点では意味はあったとしても，農学自体の新展開という点では，工学が果してきた民間の効果をあげるには農業はいささか閉じた社会であり過ぎたのではなかったか．エネルギーは民間に存しなかったし，農政の枠を大きくはみだすことも農学はとらなかった．しかし今や農業も閉じた社会では全く通用しない社会に変った．詳しくは第2章を参照されたい．

　問題は農学研究が農政直結型の課題以外にも自由な広い発想をいかに生かして，自主性と創造性をもつことができるかにある現在では，農学研究に参画する企業もそれなりに増えている．農業との結びつきももっと広い自由な自主的考察が求めるる．農政や農業に対する生産者，消費者，外部者のイニシヤテイブは尊重されなければならない．農学についてもまた同じである．

2. Mission Oriented Science

(1) 農業と農学の距離

「農学とは何か」の上述の趣旨を一口にもう一度繰りかえすとこうなる．一般に，「農学とは何か」の自問の理由なり背景は，これまで農学とよばれて来た関連諸科学の進化と分化，拡大が進み科学的にも更めてその関連性を問う必要が生れたことである．分化した新らしい関連諸分野自体の進歩とその相互の位置づけを試みることによって，新らしい農学の体系を構築したいということである．当然の動きである．しかしそれを農学の名で体系化を計る必要と目的は何だろうか．本来新分野の開発進歩を進めることとそれを農学とよばせることは別の話である．もっと農学の名に固執することなく自由であっていいのではないか．それでも敢て農学の名を冠する意義を見いだしたいとすれば，それには農学が農学たる所以は何かをもう一度明らかにしておく必要がある．

農学が農学たる所にはそこに農業という目的を土台としている事実からであろう．生物生産をめぐる人間の営みとしての農業を目的におくことによって農学はそこに基本的な対象と目的を置てきたと思う．農学は対象と同時に目的をもっていた．農業という目的である．農学は農業という目的を土台としてその上での対象が決るのではないか．いま農学と農業との距離が拡大したと言われるのは対象と目的とが分離して，目的意識が不明確のままに対象だけが拡がったからである．

しかし現在農学は農学の土台は基本的に農業にあるといってみても多くの農学研究者間に深い同感を呼ぶことはむずかしいと感じている．研究とは一定の価値判断を伴う目的性から自由であるべしという気持がそこでは支配している．農学は農業に囚われるべきではないというわけである．さきにのべた農学の官学的性格が農政上からの要求もあって，農学研究者が農業自体を狭くとらえすぎたということもあると思える．

ここで Mission Oriented Science としての農学を考えたいと思うのは大きな社会的使命と目的に支えられたサイエンスの存在の重要さを思うからである．農学はこの場合，農業という社会的使命と目的に支えられて，はじめて農学たりうると考えられる．研究対象も重要だがある研究目的のもとに組みこまれることが重要である．しからば農業の社会的使命と目的はいかなるものか．農業

は農学にとって，それだけの使命感を与えるものを内臓しているものか．

ここで私が Mission Oriented というのは例えば食料増産プロジェクトとか栄養失調防止のキャンペーンとかの或る種の戦略プロジェクトのような差し迫った問題解決的な目的を直接に意味するものではない．マックスウエバー流にいえばここにいう Mission とはプロテスタンティズムでいうベルーフ（Beruf）に近い．ベルーフは天職とか，召命とか，それに由来しての職業かと普通訳されている．

（2） Mission の意味

ここで私がいう Mission とは使命とか召命とかいう気持をこめている．広い社会的使命の気持に支えられたものとして，職業を召命の気持に合致させようとすることがベルーフでありミッションであろう．Mission Oriented Science として農学を考えようというのは農業も広く深い社会的使命をもっておりその使命目的を自覚することが農学の前提だと思うからである．Mission という語にも当然価値的なもの以外にも宗教的な要素も普通には含んでいるが Mission Oriented というのは農業の生産活動，環境保全活動，社会活動とそのための人間の営みに深い社会的使命を思い，農学はそこから出発すべきではないかということである．

私が Mission Oriented Science として農学を考えたい理由はこの社会的目的意識の重要さに関連はするがその他にもう一つある．

かつて国際稲研究所（IRRI）がアジア稲作を通じて，グリーン，レボリューションを推進したころやはり Mission Oriented という考え方をよく聞かされた．アジア稲作の実践的研究をめぐって，基礎研究と応用研究の相関性がつねに問題とされたからである．Mission Oriented Basic Research という語も生れたと聞いた．基礎研究の目的性を問うものである．

同様に日本学術会議でも戦略研究（ストラテジー研究）ということで Mission Oriented Science の主張を読んだ．（伊藤正男日本学術会議月報平成7年5月号）主旨は基礎研究と応用研究という形で割りきることをやめて一つの長い目標に集中するような戦略研究の見方の必要を言っている．戦略研究とよんではいるが Mission Oriented につながるところがある．つまり国際稲研究所にしろ，戦略研究にしろ問題は基礎研究と応用研究の軋轢にあった．

Mission Oriented Science のめざす大きな課題はしたがって，農業の社会的

使命のもとに基礎研究，応用研究の区別とは違って，一つの目的のもとに両者が結びつく契機を含むことが出来るということであろう．くりかえすように農学研究者には基礎研究か應用研究かという拘りは意外と大きいものがある．農学研究者の中には「農」と「農業」とは違うといって，農学と農業との結びつきに違和感を持つ人々もいる．その真意は何であろうか．それは基礎と応用の拘りからきている．農学研究の進展は今日まで基礎科学である生物学や化学，物理学などの進展に見合ってその研究方法を取り入れながら促進されてきた．しかし重要なことは，いかなる研究方法をいかなる対象に対して用いるか，それによって解明する基底の目的は何かは，まさに農学自身の独得のものを持っていなければならない．

さらに問題によっては精密な先端技術による分析技術を採用する前に，農学自体の特有な方法による分析段階を経過しなければならないものも少なくないであろう．バイオによる品種改良と在来育種技術の関係もその一例であろう．農学としての技術学もまた自然科学の法則の究明の下に，それに従っての実現可能の技術体系を創出することを任務とする．その研究自体の目的と意味を問う作業がつねに先行して行なわれる必要がある．

このことは研究機関の内部で，あるいは個々の研究者の間で純粋に抽象的な研究が行なわれることと少しも矛盾しない．しかしそれはそのま、農学研究とはいえない．農業が持つ広い社会的意味の解明の一環として組みこまれる作業を伴って，農学研究の一部となるのである．

農業生産が求める研究はその生産の場の自然的経済的条件を反映して多様な個別性を帯びたものとして現れる．この多様性，個別性を事実として正確に認識することは重要である．しかし科学としてはこれに止まるを許さない．

そこから入って客観的な一般法則への接近を計ることが求められる．こうした多様性，個別性の事実認識をふまえた客観的知見は一般性をもつものでありながら古島敏雄の表現をかりるとそれは一般理論とは違って「農業生産自体の特性を反映した重点の差なり，視角の差なりをもつもの」になる．古島は農学の独自性を客観的な知識に裏づけられた農業の体系的解明に求めようとした．

Mission Oriented Science としての農学とはその使命と目的である農業の体系的解明をこころざすものである．と同時にそれは基礎科学，応用科学といった区別とは違い一つの目的のもとに両者が一体化する契機を含みうることを意

味している．農学研究は勿論一般的客観的法則に支えられはするが，それは目的のもとに組みこまれて農学の一環として位置づけられる．農学を農業と切り離すわけにはいかない．

（3） Missionとしての農業の役割り

しからば農業はMissionとして実際にどれ程の意義を与えることができるものだろうか．農業の社会的価値とは何を基礎とするものか．

それらは当然にある種の倫理性を求めるものとなる．おそらく，それは物理学に代表される法則性の予知，支配，制御の一体的解釈では説明しきれないであろう．おそらくそれは次の三つに基本的に起因している．（一）つは農業が生物生産であって，自然を相手とする人間の営みである点である．生産はそこでは製造とは違い，生物を育てることである．生物の論理を尊重しこれに順応しつつ生産の方式を創りあげることである．（二）つは農業と人間生活の環境の関わりである．農業の多面的価値といわれる側面である．（三）つは地域性という生産と生活の場の保持の重要さと農業との関わり合いである．

（i）まず（一）にあげた農業が生物生産という自然を相手とする人間の営みに由来する側面である．農業の本質は生産という人間の営みである点に凝縮する．大地であり，水であり，大気である．人間の営みはこれに働らきかけをするが謙虚でなければならない．Missionとの関連でいえば次のように3点をあげておこう．

（a）自然への積極的な働らきかけとして農業技術の工夫と創造がある．くりかえすように農業生産は育てる技術である．したがって，農業技術はもともと二つの側面を求めるものであった．一つは人間の労働の効率化であり労働手段の体系化という他に，二つには作物自身の自生力を利用して生産の増大を持続的に計ることであった．労働生産性と土地生産性が相互の連繋のもとにたえず往復しながらともに計られなければならない．そのためには作物の生理，生態，土壌の物理，化学等の基礎科学や経済学歴史地理学等の社会科学を土台としながら人間の営みの用具としての農業技術に引きつながれる．農業技術は自然の恩恵を実際に人間の営みの中に生かす手段の体系である．農業技術はしたがって本来持続性の備ったものであるべきことも知っている．農法とは農業の生産的，経営的社会的持続性のための技術概念である．自然への働きかけと同時に一種の自然的社会的生態論を土台とする．

およそ科学が社会と向き合っている以上，技術のもつ意味は重い．技術のイノベーションなしに科学の進展もない．多面的な要因を含む農業技術のイノベーションは農業を支える第一の基礎である．

(b) 農業生産には環境と資源の保全機能も重要である，それは農業生産が生態論をふまえないと持続不可能だからである．共生の論理である，生物多様性のもとでの相互の関わり合いの無視は農業の持続を許さない．またいうまでもなく地力の劣化も土地の荒廃も資源保全の観点からの農業の責任である．農業生産の持続は資源の保全とともにある．

(c) そして何よりもまず人間生存の基本条件である食糧生産が農業の重大な任務であることである．必要量の安全な食糧を供給する責務がある．

以上，(a)(b)(c)を通じて生物生産という人間の営みを考えると，自然を相手としての物づくりであり創造活動であることが農業の大きな領域であって，それは農業技術に終結する．農業技術は自然を利用するという積極的創造の面と，自然を保全するという謙虚さの両面とを共に要求する．生産には生産の倫理がある．

(ii) 二つには農業の人間生活に対する多面的機能についてである．直接的な生産機能以外に農業は農村のあり方について責任をもっている．農村は生産の場であると同時に生活の場でもあり，更に生態環境の場でもある．いってみれば農村は多面的価値をもった多機能的空間であるといえる．しかしこれまで農村は生産，生活ともに農業を中心に総合されてきた．環境問題も農業と対立的な状況を示さないできた．農業を軸足に総合化された共同体は土地と水との共同性を土台とした．さらに加えれば林野の問題もある．その最小単位は集落であった．

しかし農村は変ったといわれる．農村がもつ多くの機能間の均衡状況が変化し，生産のもつイニシアティブは減じた．中山間地帯のみならず平地の農村までが，優良農地が転用され，あるいは耕作放棄されて荒廃に近い状態の農地も多い．農地や用水の汚染の問題も同様である．それは従来の農業生産の効率化一筋の路線の結果であり，生活排水の変化の結果であった．生産と生活は悪い形での循環を拡大した．農村という生産と生活の場で何より大きい変化の要因は住民の構成の変化であり，住民の生活様式の都市化であった．生活様式は生産意識や活動の中に著るしく入りこんだ．農業の創造性を良しとするよりも楽

な生活の選択が優先する．さらに農民も農業経営者としてみれば質的に変化した．農業の兼業中心化を常態とする農村の実態である．生産と生活の結びつきの構造がよくも，わるくも変った．当然に環境も変る．農村景観も変り，生物種の多様性も失なわれ始めた．農業の後退は農村の生活様式の急速な変化に直撃されて加速した．

　生産，生活環境が総合的に結びついて，ある均衡を保ってきた絆となることのできるのはコミュニティーとしての連帯であろう．バラバラに分離してしまった生産，生活環境の三つを新らしく調和的にさせるためには新らしい合意形成の場としての努力が必要である．新らしい農村コミュニティーの形成が組織されることがそのために必要である．

　農村振興整備を目的とする各種の農村計画なり再建計画がどこの国でもどこの地域でも盛んである．しかし都市地域平坦地域，中山間地域を限らず，もっとも重要なことは定職定住の人々の確保ではないか．つまり地域産業の振興と雇用が生産，生活ともに深くかかわる問題である．農村がそれぞれの地域に見合った農業の振興策から検討を始めなければならないのは当然である．しかしその振興計画はこれまでの古典的な農業，農村計画と違うべき点を十分に比較検討する必要がある．

　農村計画は是非とも生産者である農業関係者も，生活者である一般住民も含めての住民の連携としてのコミュニティーの手によるものであってほしい．個の創造性と住民意志が生きるコミュニティーづくりこそ新らしい農村計画のキーポイントである．コミュニティーとは社会の人々の「公」という縦の関係ではない．共という横のつながりの関係である．

　こうした考え方にたって今日，農村計画として，農業振興の重要性をなお更めて強調する必要があろう．

　最も重要なことは，国土として有限の資源であり長年に亘り作り育ててきた優良農地を荒廃させないことである．農地は社会的にも個別的にも資源としての共的性質をもっている．農地の耕作放棄による荒廃と放置することは反社会的であるといわなければならない．さしずめ農地の管理主体の対応と持続的な農法体系としての土地利用のあり方が裏付けされている必要がある．土地は本来誰の所有にも属すべきものではないが，我々はそこに属しているのだ．農村と農業の分離傾向は黙って見すごせない．農村の振興も保全もまた農業の問題

なのである．

　(iii) 三つに農業が持つべき Mission としての機能の一つに「地域」があるが，それに関連してローカリゼーションの持つ意義を考察しておきたい．その対極としていわれるグローバリゼーションの大濤のために，人間の生き方を自分らしさに求めるローカリゼーションは片隅に押し流されているという感をいだく人は多い．佐和隆光によるとグローバリズムという用語は以前からあったが，グローバリゼーションは1990年以降の造語であるという（佐和隆光「改革の条件」岩波書店，2000年）．グローバリゼーションということを狭義に解釈すると，それは「グローバルな市場経済化」を意味するが1991年のソビエト連邦の解体以来，社会主義の崩壊が言われ，東欧やアジア諸国が一斉に市場経済化にむけての改革を進めたことに始まる．しかし同時にそれは自然環境の汚染，破壊がグローバリゼーションの結果として起る可能性を大きくし，かつ他方では，失業率も高まった国々もある．グローバリゼーションがアメリカンスタンダードとよび得る枠組のもとで進行したこともあって反グローバリゼーションの運動が世界的規模でもり上り始めていることも事実である．

　自由競争と自由市場を信奉するグローバリゼーションはいうまでもなく大きな思想的根拠をもっている．しかし反グローバリゼーションとしてのローカリゼーションも同様に人間の営みと生活に深く根ざした願いである．生産において一般的には効率の経済を求めてグローバリゼーションの優越性にフィットするところが大きいけれども生活や文化の側面からみれば，多様性の方がいい．社会としても多くの文化をかかえている方が単一文化よりも魅力がある．

　グローバリゼーションは，グローバルな市場経済から進んで大規模化のための世界的統合（Unitization）と一様化一元化への指向を含むものとなった．その反対にローカリゼーションは，グローバリゼーションによって片隅に追いやられて悲鳴をあげているように見える．

　しかし再び佐和の言い方をかりれば，グローバリゼーション自体は上方統合と下方拡散の二つを共に促す二重の力学を内包している．グローバリゼーションには必ずローカリゼーションをも促す逆の力学が働らくからである．「グローバルパラドックス」というのは，それが進めば進むほど末端の組織活動が活発化し，強力になって，個性や多様化を守ろうとする逆の力学が働らく事実を指しているのである．

私がここで言おうとすることは，グローバリゼーションに対抗するローカリゼーションの内発力はまた農業に負うところが大きいのではないかということである．商品としての農産物はグローバリゼーションの対象とはなっても，生産と生活と環境の一体化を願う農業の場は個性的であってこそ存在できる．Mission Oriented としての農業もグローバリゼーションに働らく逆の力として考える意味がある．

以上農業の社会的使命について，(i)(ii)(iii)と述べたが，同時にそれはどの様なしくみの農業を考えてのことかその姿を具体的に示す必要があろう．しかしそれは本論の主旨とは若干ずれると思うのでここでは以上に止める．

3. 総合研究について

(1) 総合研究とは何か

「総合研究とは何か」ということは農学，農業の研究の方法論としてたえず論じられてきた．

これは分化，還元主義の方向にのみ走る反省をも含めてのことであって，社会科学の分野においてさえも分化は同様の傾向にある．分解と総合の関連は農学の分野に限らず広く一般的になった．学際的研究の必要性が説かれるのもこの理由である．

くりかえすように一口にいって農学とは農業への視座を意識しているか否かにかかわる問題であって，基礎研究，応用研究の区別に拘る問題ではない．農業研究の中に組みこもうという視座と目的がある限り，基礎的抽象的研究もまた農学といえよう．それが農学でなくなる時は，農業がいかなる意味でも視野の中に全く存在しない場合であって，それを農学とよぶべき意味は何もない．

問題は農学を Mission Oriented Science と考え，農業との直接間接の意味を考えたいからである．そうであるならば農学研究は総合ということを考えざるをえない．

分解的研究が基礎的方法の一つであることを認めない者はいないが，例えば稲に関する分解的或は還元的方法による解明が進んだとしてもそれを集積すれば稲という作物の全体像ができあがるというものでもない．個々の精密化された知識はそのままの集積ではなくて，組みたてられてこそ新しい別の全体の理解を生む．分解的研究に対し総合化を言うのは各種の機能を作物自体の内部

にもって全体を構成していながら，各機能の間に摩擦矛盾が生じないように，全体としての調和を計り調整する作物自体の機能をさしていると思う．現実の農業生産での栽培管理の任務は作物という一つの全体がその内部にもつ各種機能の協調と調整という自己機能を一層助けようとするものである．

作物という総合された全体機能が，更に栽培技術によって補完されるのである．

私ども農業経営関係者は総体という語に替て，しばしば統体という語を使う．総体にもっと自己機能性を含めての語である．経済の単位である「経営」の場合には一つの統一意志体という意味になる．つまり主体の存在のことである．したがって統体という見方の中に分解と総合という二元論な考え方はない．

（2）総合研究の三つの領域

しかし総合化といっても農学の総合性を考える場合，それにはいくつかの領域と段階があるように思われる．今日要求されている種々な農学の総合化には総合すべき対象も，総合を試みる主体も多重的であって段階がある．農業の取り扱うべき内容も膨らまり，従って農学の内容もそれに応じて変化したからである．総合化を三つの領域と段階に別けて考えてみる．

（i）まず Agronomy とよばれてきた研究領域での総合化はどう進んでいるか．作物の生理生態を通してその機能を有機的な全体として，一つの統体として把えることは Agronomy の本来の姿であった．しかし分解的な還元主義が先行し，それをのみ良しとする研究姿勢が統体的理解を本来求めるべき Agronomy への関心を次第に弱化させることになった．Agronomy の代表である栽培学などは今では農学研究者の中で人気のある分野ではないといわれる．総合はどのように進められているのだろうか．

しかし総合的研究は精密な還元的研究を伴なわなければならないことも事実である．総合化を求めながらなお一層の分解的研究が必要となるであろうことも事実だし，それなくして一方的に総合化を説くことは，総合の質をただ浅いものにするだけだろう．総合化は分解的研究との間のたえざる往復をくりかえすことから生れる．

Agronomy とは一般に農耕の学と理解されている（Arts and Science of Crop Production. ウエブスター）．しかし同時に Management of Farm Land の意味

をも与えている（ウエブスター）．オックスフォードの辞典では Rural Economics の訳語が見られる．これに習ってか日本の辞書には農業経済学という訳語をあてているものも多い．そこでは農耕と経済は素朴な意味で一体化し農業に密着していた．

　Agronomy が総合化を意識的に取りあげて，一つのジャンルをつくろうとした分野に農業技術論があった．農作業論というのもこれに近い．農業技術論とは農業生産に特有な技術体系の一般理論である．総合化のための技術体系論であるともいえる．

　農業技術論として有名な K. カウツキーと E. ダヴィッドの大農，小農論争がある．カウツキーは農業技術論を社会経済の流れとしての「労働からの解放」を念頭に機械化による大規模経営の有利性を主張した．ダヴィッドは農業生産の有機的な特徴をとらえて農業生産技術の体系に経営経済的視点を与え，小農経営の存在の意味を与えた．もともと技術論は社会進歩の基礎としての生産力を技術体系として考察しようとするところから出発したから，機械論的立場から物的生産基盤の整備のあり方が主題となる．カウツキーの大農論もここに基礎をおいている．つまり労働手段の体系化を社会進歩の象徴とする経済学の歴史の流れに沿うものであった．

　ダヴィッドは農業生産を直視するものであった．ダヴィッドにとっては，カウツキーの技術論は無機的生産のうえになりたつ技術論であって，生物個体を更に生産的にするために，それを促進し補完する有機的技術とは異質のものであった．

　農業技術論に本来求められるものは有機的生産のしくみであり，その総合化作用のしくみに立っての生産力の向上である．Agronomy にこめられた総合化の解明こそ農学の最も基本的な総合化ではないのか．

　横井時敬は有名な合関率という概念を提起した．これを Law of comination と自からよんでいる．それはリービッヒの最少養分率という生産のために最も不足する制限因子が生産を支配するとした考察に類似したものであった．横井は作物結合の原理を合関率によって解こうとしたが横井の総合の考えはここから始まっているように思える．アーサー，ヤングの適正比例（just proportion）とも，横井の合関率は同類のものであった．農業は基本的に作物結合であり総合の問題もここにあると横井は考えたのである．しかし横井は十分に分解的研

究の重要性をも知っていた．

　総合研究ということが，総合の名の「用語」のもとに国の農業試験研究として取りくまれ始めたのは第二次大戦後の農業経営研究の出発を契機としたものであった．おそらく東北農業試験場三本木原営農支場での営農試験から始まって広められたと思える．総合研究は具体的に営農試験という形で，営農技術体系の総合研究として始まった．農業技術論が本格的に取り組まれるべき良いチャンスであった．しかし当時農業技術論は多少上すべりなところがあって，唯物論としての歴史観にたった人間労働中心の技術観に偏り，農業特有の有機的全体のための技術観は弱かったことは前述の通りであった．結果として農業技術論は観念的にすぎ，実りのあるものとは言い難った．

　営農試験に現われた総合研究は技術的総合からやがてある目標をしぼったいわば戦略的課題の形をとったものになる．戦略的課題に集中して総合化を計ろうとするのである．問題解決的手法である．旧農基法のもとでの規模拡大による大型機械の作業体系化に総合研究の目的は定められた．やがて，試験研究機関の総合研究の流れは昭和50年もすぎて地域農業の崩壊ともいえる状況の中で地域農業振興を中心課題として登場した．地域農業再建のための地域農試の全面的な取り組みが戦略的総合研究の形で要請されたのである．それは試験場の各部署あげての共同と総合の成果を問うものであった．営農技術試験から更に進んで地域農業としての総合研究が求められたのである．

　農水省農業試験機関のつくば移転にともなう機関組織の再編は中央に農業研究センターを配置し，その連繋の下に地域農試を置いて，研究の総合化や，複合領域を体系化することが主務とされた．同時に環境研究所や生物資源研究所設置等の従来の専門分野別機関とは違った総合化指向がみられた．

　(ii) 農学の総合化を取りあげる二つめの問題領域は農学関連諸科学の進歩と分化にかゝわって，新らしい農学の再編を意図するという課題の領域である．大学や試験研究機関が主要な対象となる．

　生命科学環境，情報，エレクトロニクス等の農学関連分野での進歩と分化の過程で，農学はどのような意味で再編が必要とされ，また総合が必要だといわれるのだろうか．少なからずの基礎科学関係の人々は農業技術論としての総合化の必要は認めても個々の分化された専門領域の研究の総合には消極的であり懐疑的である．もともとこうした新らしい専門分野の進出は要素還元的な分解

的な分析によって精密化を願うものである．そこに独自の研究領域を築いたのであるからある意味では総合と逆方向の指向のもとに生れたといえる．簡単に「総合」の波にはのれないということはあろう．たしかに現状そのままで，総合を説いても意味は弱い．

　しかしいまここでは農学という立場から総合化を問題にしようとしている．総合とは何か．その土台となるのは共通目的意識である．専門各分野の共通目的意識が背後に存在するか否かが総合の要件であって，農学の場合広い意味での農業の持続という共通目的が深いところで存在していることが総合化の基底となるのではないか．つまり農業のあり方を視座においての総合化である．それはあくまで農学の名を冠するためにはという前提での話であって，そうでなければ農学の名において総合化に苦心する必要もないし意味もない．個別的な専門領域研究で十分である．農学がもしいま新らしい周辺科学の進歩と分化の上に総合化が必要だというならば共通の目的意識を據り所にする他はない．

　それでは具体的に農学の周辺科学はどのような拡がりを示しているのか．その中でどのような領域区分が進められているかを略述しよう．日本学術会議の資料によれば1994年現在で農学に関連する学会が128あって，そのうち農学だけに関係している学会が約80％だと報告されている．他の20％は医，工，理，法経，その他との複数に関係していることになる．後者の農学だけに関係する学会の会員数は16万5,000人（累計）．1人の研究者が加入している学会数の平均は三つ位．農学研究者の実数は約5万人程度ということになる．厳密な意味での研究者だけだともっと少ない．

　1994年までこれに先立つ10年間に新らしく学会として登録したものが39学会にのぼる．このうち純粋に農学関係（第6部）だけに登録されているもの，他の農学以外の分野との複数登録とされているものの両者があるが，それは三つの種類を含んでいる．

　一つはこれまでにない新らしい分野への進出開発である．
　二つは従来の研究領域の更なる細分化である．
　三つは境界領域というか中間領域への大きな傾斜である．分化されたものを総合し組みたてる必要からである．地域研究もその一つであると思われる．

　同様に大学農学部の組織再編と名称変更などの一連の動きもこれと同類である．日本学術会議にみられた以上の三つの動きは大学での研究再編の場合も同

様であったと思う．とくに学科編成には特別の苦心があったようである．新らしい各分野の開発と攝取に対応して総合化とはいかなる意味をもつべきものなのか．加えて農学部教育の問題もあった．

これまでの日本の農学部の学科編成はドイツ農学の伝統にならって一般農学と特殊農学の両立を基本としてきた．農学，畜産，水産，林学等はいわば特殊農学でありこれを縦線としながら一般農学は共通の方法論というか，農芸化学，農業経済，農業工学等が横絲の役割を果してきた．縦絲は産業区分であり横絲はそれをつなぐ橋渡しである．それなりに総合化の考え方があったといえる．総合の主軸は一般農学であるが，目的は農業，林業という産業にあった．

しかし新分野の開発と更なる分化の過程にある農学研究に更めて総合化の必要があるとすれば何を総合の主軸としたらいいのか．主軸のない総合化はない．総合は寄せ集めではない．何のための総合化かを更めて考える必要がある．事実日本学術会議の第6部で行ったアンケート調査でも総合の名に把われず独自の研究を進めるべきだとする研究者も少くない（中川昭一郎，「農学と関連科学について」，金沢，江川，熊沢監修「日本の農学を考える」日本農業研究所平成8年）．当然である．そう考えていい理由はある．しかしそこで終るだけなら農学である理由はない．

農業と農学のつながりの関心もいろいろな理由から研究者間にも稀薄化した．農学として何らかの総合化を試みようとするならば，それは農業という原点に還ることである．農学を Mission Oriented Science とよんだのはそのためである．農業に新らしい生命を与えることも農学の仕事ではないか．

(iii) 三つに，総合化が現実に生きている場，つまり農業の生産，社会生活，環境資源の総合された場としての農村をも含めた一つの地域農業全体としてのコミュニティー形成のための総合化がある．いまや「農村」は新らしい農業基本法でも「食料」と「農業」と並んで，農政の三つの柱となっているが，総合化に関しては地域という問題にしぼられる．

地域農業ということは，これからの新らしい農業のあり方にとって極めて重要な考え方である．多様な要因を投入して，その積み重ねの上に総合を計らなければならない．

地域農業というのは一種の組織論が土台になっている．意志決定の過程においての組織化のうえに成り立つものである．地域というのは，人間が生産し生

活する場であるから人々にとっては与えられたものとしてのみ受け取られ勝ちだが，個々の住民がよりよき生産，生活の条件を求めて，それを「共」とともに主体的に作りあげる場でもある．主体的な個の積極性がなければ地域農業は成立しない．地域農業は個の自主的発展の上にその延長として成立する「共」が土台である．「共」は自分を生かす場として存在する．地域農業の総合はかくて構成員の自分の役割分担が何かの意志決定と認知から始まるだろう．

　ある時期私は集落営農をできるだけ集落の力で計画化したいというための政府原案の作成に協力苦心した時があった．将来計画の基本方針，集落の資源賦存量の確定，持続的農業生産方法と農法，そして何よりも住民の意志の形成と確認と決定のしくみ．計画者としての農業者，住民の計画化の手順等々．一歩一歩の段階を踏みながら計画者の意志も自身で自覚し明確となるくりかえされる討議．この各自の意志が十分に自覚される段階に至って地域農業としての役割り分担がおのずから誰にも認知されるようになった．このはっきりした目的意識のもとに一つ一つの地域農業の総合化が可能になった．私達研究者は分析と総合のヒナ型をそれぞれの段階に応じて示した．農業者住民参加型の農業研究である．これも一つの産学協同の形であろうか．総合にもいろいろな主体の複合の上に成立する場がある．

4．おわりに — 農業と農学の思想

　いま述べたように農学の現代の総合化はさしずめ三つの領域がある．一つは生きた生物個体を統体として，また生物群体としてトータルに存続のシステムを考える総合化の問題である．二つは分化し一層専門化した研究領域を再編し，農学としての総合を考えるという問題である．三つに社会システム迄を含めた人間の生産生活のあり方とその場としての総合問題がある．今日持続的農業ということが，どれ程の重みをもっていることか．総合化の方法と対処は一層の緊迫感をもって我々の課題となった．

　とくに社会システムの総合化ということは，自然と文明，経済との間での人間の営みと深くかかわるだけに社会的進歩とは何かという自問が根底になければならない．人間の能動的な働らきかけを前提とした自然の大きな循環の論理の理解が必要となる．

　農業もまた同じである．本論では農学は深いところで農業につながるべきも

のと考えた．

　社会進歩と発展にとって，農業とはいかなる位置づけになるのか．その中で人間の営みとして農業はどんな価値を有するか．ここに社会的価値観や思想の裏づけが求められる．そしてその思想とは総合化から生れると私は思っている．つまり総合化の思想であるといっていい．そしてそれはまた分解論的研究と相伴って充実度を増すだろう．

　盛永俊太郎には「農学考」という著書がある．

　盛永は農学の研究方法の特質を見ることで農学とは何かを見ようとしているが，彼もまた農学と農業の間に苦悩したようである．「農学と作物」という論文では農学はテーヤのいう持続的最高の純収益と，他方自然科学的原理の追求という命題を二元論として説明する人が多いことを指摘している．だがこれは違うと盛永は言っている．なぜなら農学とは人間と作物（家畜）との共存共生の科学だからと盛永はいう．共生の論理に二元論はありえない．そこに盛永は共存としての生態的総合を見ようとする．

　盛永の論文は戦前のものだが生態論的観点で一貫している．生態論に基礎をおいた総合化と言うことになる，一種の文明史観ともなっている．農学と農業に対する思想を感じる．

　総合化ということは人間の営なみとして誰がどのような線で統一的に把えるという主体の自覚が前提である．盛永のように人間をも含めた自然生態の見方もあろうし，人間の営みを中心に自然をもとりこんでいく社会科学的見方もあろう．いずれも人間と自然との共存の目的をもっているが，いづれもその思想的支えを必要とする．

　農業も農学もいまその思想の裏づけを真剣に求める時に至っている．

付　記

　本論文は平成6年，7年の2年間行なわれた日本農業研究所研究会報告「日本の農学を考える」（平成8年印刷）の中で私の報告である「今日再び農学を考える」を全面的に補筆し修正したものである．

　この研究会は私と江川友治，熊沢喜久雄の3名が主査となり，椎名重明，田中学，正田陽一，中川昭一郎，石原　邦，平田　熙，水間　豊の諸氏が参加し，日本農研側からは内村良英，佐伯尚美，泉孝健氏等が参加された．現代農学の問題点，日本学術会議での学会の対応，大学農学部再編の考え方など報告と討

論が行なわれた．ここでは私の報告部分とそれに関連する質疑の一部を加えた．

参考文献

1) 金沢，江川，熊沢監修「日本の農学を考える」日本農業研究所 1996.
2) 祖田　修「農学原論」岩波書店 2000.
3) 柏　祐賢「農学原論」養賢堂 1951.
4) 盛永俊太郎「農学考」養賢堂 1951.
5) 盛永俊太郎「私と農学」農文協 1960.
6) 椎名重明「農学の思想－マルクスとリービッヒ」東大出版会 1976.
7) 鎌形　勲「誰がために研究所はある　東北農村風土記」農業総合研究所 1956.
8) 加用信文「農法論序説」御茶の水書房 1996.
9) 佐和隆光「改革の条件」岩波書店 2001.
10) 横井時敬「農業と農学」横井博士全集　第3巻.
11) 新渡戸稲造「農業本論」農文協「明治大正農政経済名著集」.
12) E. David "Sozialismus und Landwirtschaft"
13) 渡辺兵力「農業技術論」龍溪舎 1976.
14) 大谷省三「技術論の発展のために」自作農論，技術論所収　農文協 1973.
15) 武谷三男「技術論」弁証法の諸問題，武谷三男全集　第一巻所収 1968.

第2章　農学研究推進者としての農民及び農政

1. はじめに

　日本の農学研究の時々の課題がいかなる契機のもとに，誰のイニシヤティブによって進められて来たかをたずねようとする時，研究者自身ならびに研究機関と並んで，農民自身の技術，研究の上に果した意味についても注目しておく必要がある．生産，経営の直接担当者である農民の技術開発や農学研究の上での役割を問う必要があるということは，農学が農業という産業との関わりを意識的にも無意識的にも密に保持しながら進められて来た事実にもとづくものであるが，この点は一般生物学その他の純粋自然科学の研究展開とは大きく異なる特色であろう．

　本稿で取りあつかうもう一つの課題は，こうした農学研究の展開の契機を与えるに至った国の農政の役割である．農学各分野における研究展開の経過を概観していかにその時代の農政としての要請が研究展開の契機となっている場合が多いかを知って改めて一驚した．農学が農業を背景としている以上，その研究の契機がふかく社会の動向にかかわるべきであることは当然だが，社会の動向を研究者自らが把握した結果というよりも与えられた農政的課題に応えることをもって自らの研究課題とする姿勢がはなはだ強いことが特色である．つまり国の政策的要請と密接不離に展開してきたところに日本の農学研究の特色の一つがうかがえるのであって，わたくし流にいえば官的色彩が強く感ぜられる所以である．

　本稿で取扱う二つの問題，つまり農民の技術開発の主体性ということと，農政に密着した官学的農学ということは，本来からいえば相い対立すべきはずのものである．日本の農学の展開のなかでこの二つの問題を位置づけようと思うと，もちろん対立的な役割を果してきていることも客観的に認めるけれども，しかしこの二つのなかに後に述べるように強い関連性があることもまた認めなければならぬ特色なのではないかと思う．

2. 農学研究推進上の農民

(1) ここでは主として大正以降，就中昭和以降の農民の新技術の開発，推進のあとを取扱うことにする．その理由はこうである．

明治前期，老農の知識が欧米の輸入農学と対抗し，その摂取に対しても強い批判と影響を与えたことは，既に多くの研究論説が示す通りである．伝統的な農業についての体系的な経験・知識を殆ど欠いていた明治前期の研究が日本農業についての問題点を解明しようとするなら，農民のなかでの指導層の知識，技能の援助を仰がざるをえなかったのは当然であろう．

しかし大正以降このような農民層内部における指導者の地位は官のイニシアチブの増大とともに低下し，それにもとづく生産の指導活動の低下は，明治期と比較して著しい特色といわねばならない．

この背景となるものはいうまでもなく地主制の展開である．明治後期からの農村への工場制手工業の広汎な展開とも相まって，土地の集中が進み，大正10年前後には50 ha以上の地主数は3,176に達し地主制は最高展開期に到達した．この点は詳述しないが，地主自作の減少によって耕作地主の農業生産における指導力は急激に失われた．横井時敬等が農本主義を唱え，指導的生産的地主の機能を強調したのもこうした背景のなかでのことである．

こうした農民層内部における指導層の地位の低下ならびに農耕から遠ざかったという事実は，明治期にみられた研究者と農民の関係とは違って，研究者と農民指導者との接触をうすくし，農業実践の場から離れての観察と研究の方向のみ大きく展開してゆく力となって現れる．ここに日本の農学は研究室の研究として，わるくいえば輸入科学の摂取と追試への専心，よくいえば学問的沈潜と蓄積という時代に入る．そして，それはまた結果的に農学研究者の農業研究における発言権の強化という事実にもつながるものであった．

しかし昭和期に入って，漸く理論的武器をととのえ日本の農業という舞台のうえでの現実問題のなかから課題を設定し，その方法を具体化しながら積極的にその解明のための研究に対処しようとする姿勢がみられる．

古島敏雄の指摘するところでは，日本の多肥農業の特色が明確な意識をもって技術者に把えられたのは昭和恐慌期以降であり，特に昭和9年（1934年）の東北大凶作であったとする．このような研究の流れのなかで農民的技術に対処

する研究者の姿勢でも，それ以前の時期と比較するとき明らかに一つの変化がみられる．篤農技術のなかに含まれる客観的有効性を研究者のもつ知識と方法によって解明しようとする研究者と農民との連携がみられるのである．すなわちその芽を農民が発見し育て，研究者が完成するといった形のものが昭和10年以降農学研究の以上の如き流れと対応してみられることは注目すべき事実であると思われる．本論のはじめに断ったように取扱う対象を主として昭和以降とした理由はここにある．

(2) 明治期の老農が明治の農業政策と深い関係をもち，学問的にも農学者にそれなりの影響力を与えた場合とちがって，大正期では地主自作はその後退と相まって農業内部での指導層としての地位を低下させた．明治老農の活動分野は例えば農談会の記録等をみる限りでは，比較的広く，優良品種の選抜育成，厩肥等の自給肥料の改良，新農具の開発等に亘っている．しかし大正期以降，品種改良は国や県の農事試験場の掌握するところとなり，山形県庄内の工藤吉郎兵衛などの農民育種の事例も例外的にはあるものの農民の手から離れた技術となった．

昭和恐慌期前後から次第にみられるに至った篤農技術の特色の中心は一般的に栽培管理と育苗技術に集中してゆくことはとくに注目を惹くところであるが，昭和28年(1953年)農林省が食糧増産の目的のために民間の技術，とくに，国，県の指導などとは異る性格をもった民間技術を活用したいとして調査した「稲作民間技術の種類と分布」(農業技術協会)を手がかりに少しばかりその実態をみたい．

この「稲作民間技術の種類と分布」は普及員に対するアンケートと，篤農家に対するアンケートの二つの調査の結果をとりまとめたものであるが，その名称は数としてはおよそ30ばかりがあげられている．赤木式，丸木式，松田式，田中式，黒沢式，寒河江式，片倉式，大井上式等々個人名を付したものが非常に多いが，この調査結果からつぎの諸点を注目すべき特色として指摘できると思う．

第1はその内容が選種，育苗，田植または播種，除草，病虫害防除，整地，水管理，施肥など広い範囲に亘っているが，育種に関しては全く事例をみない．というだけではなく，品種についても殆んどふれるところがないことは興味をひくところである．育種は既に民間の手から離れたということであろう．それ

以前には例えば山形県庄内のように亀の尾（阿部亀治），豊国等を初めとして，何人かの民間育種家によるものが明治から大正初期の間にはみられたことは注目すべきことに違いないが，純系分離法および交雑育種法の系統化にしたがって民間の手を離れていった事実も着目すべきことである．

　第2の特色はこうである．ひろいあげられた篤農技術はたしかに広い範囲に亙ってはいるが，それでも肥料は化学肥料を中心とする購入肥料主体に移行し，農具も改良が進むなかで専門化していった事情と関連して，これらに関係する篤農技術が比較的少く，育苗技術と栽培管理技術に集中したことである．

　そのなかで注目されることは，この調査の時点においては全般的にみて東北寒冷地方に生れた事例が圧倒的に多いことである．さらに種類別にみるならば，東北には育苗技術に関連するものが多く，九州地域では水管理や地力や栽培密度に関連する事例が多いように思われる．

　東北寒冷地方にこうした篤農技術が多く生れたという事実は，稲作の技術研究が国の増産政策のなかで主として東北日本を対象として取りあげてきた経過と深い関係があるように思われる．稲作の試験研究が大正以降，大学にせよ，試験場にせよ対象地域にいささか地域的な偏りがありすぎるほど東日本に集中しているように思うのだが，民間技術もこれに対応する傾向を示したことは注目されるのである．

　第3の特色はこれらの技術の開発者というか新農法の主唱者が，従前と比較すると，地主層よりは直接的生産者という性格をより強くもった農民層に属していることである．このことはおそらくは篤農技術の伸びうる範囲が育苗や栽培管理に限定され，したがってそこに集中されてゆく経過と同じ軌道のうえにある事実として理解されるであろう．しばしば篤農技術をもって多労型の農法と指摘されるのも同じ理由によるものと思われる．この調査のなかでは主唱者のみならず受け入れた農家についての調査も行われているが，地域における中農層がその主役であることは，あげたいずれの民間技術の場合でも共通にみられることである．川田，御園が行った黒沢式農法の普及についても，全く同様の事実が指摘されている．

　第4にあげるべき特色はこうである．明治以降の農政が期待する農民像は端的に表現するならば「米の生産者」以外の何者でもないわけであって，営々として土地生産性の向上をねらう小生産者にすぎない．したがって農民的創意工

夫がつねに栽培管理を中心としてそこに集中して見られることも当然といわねばならない．そしてこの創意性は決して強いものとはいえなくとも，つねに継続されて見られた事実であることは注目される．ここが試験場技術とは違う一点ではないかと思うが，試験場技術が，後にもふれるように，米価維持調整に対応して増産政策にピッチがかけられた時期を契機に進展をくりかえした経過と比べるとき，農民技術の流れはそうした流れとは関わりの少いことが認められる．稲生産に対する政府と農民の対応の違いを示すものとして重要である．この調査においても，調査時点は昭和28年であるが，その技術が主唱者自身によって発想され試みられた時点は昭和初期から恐慌期にかけて既に始められている例が多いように思われる．農民技術として代表的な山形の田中正助による穂肥の技術や長野の荻原豊次の保温折衷苗代の技術もそのオリジナルな発想は国が米価低落からその回復を計るべく減反政策を唱えるに至った昭和恐慌期で，少くとも農政としては米から顔をそむけたような時期に始まっている．

しかしおそらくは，こうした農民技術もその後，何等かの形で，農政としての支えがなかったならば，そのまま消滅したものが殆んどではなかったかと思われる．勿論こうした農民的技術が余りにローカル性が強く一般性の検証において欠けるところがあるという弱さを持っていたからでもあるが，その後に多少知られるに至った農民技術は試験場のとりあげるところとなり，やがて食糧大増産時期に広く普及をみるという経過を辿っていると思われる．例えば昭和9年(1934年)における東北の大冷害は，改めて冷害に対する研究の重要性を認識させるとともに，民間に生れた技術への関心をもよんでその追試を進めたのは当然であった．だが同時に考慮を払うべきは民間技術に対する政府の関心が昭和恐慌の回復のきざしのなかで，米価の回復と関連しつつ再び米の増産に動き始めた時期にも当っていることである．米の需給は堅調に転じ，米価も上向きになり始めた時期に試験場も民間技術に眼をむけ始めたというべきであろう．もっともこうした農民技術の開発者がみずから試験場を訪ね，その連絡のもとで進められた技術もあることはあるが，例外的というべきではないかと思われる．多くは研究者によって関心をもたれ，完成度を高めたといえる．さらに農学研究の流れに沿って云えば，明治期，それにつづく輸入期としての大正期を経て，漸く日本農業の生産の場に生じた素材を研究課題として取りあげるに至った昭和期の研究の特色がかかる農民的技術への関心をよんだ背景の一つ

でもあろう．

　だがこの種の技術が研究者により広く関心を持たれ花開くに至るのは，戦時体制下の食糧増産の時期と，それに続く戦後の食糧不足の時期である．かくて農民のオリジナルな発想は政府機関によって見出され，政策的要請のなかで開花したということができる．

　(3) 以上を要約しつつ，農民の手によって生みだされた民間技術の性格を改めて観察するとき，これらの技術が日本の農学の進展の上に果した役割について，どのような位置づけと評価を与えることが適切であろうか．

　まず第1は，こうした民間技術については少くとも大正以降地主ではなくて，生産農民がその主体であった事実である．この点が明治期の老農の場合との大きな相異であるが，一般には土地集中による地主の生産からの後退の事実によって説明されてきたところである．しかしこうした一般生産農民によって有名または無名の諸技術が創意され工夫されたことは，日本農業のレベルを考えるに当って，きわめて意味深い．当然にその知見が限られた経験にもとづいているから，ローカル性の強いものであり，したがって普及性については問題を残すであろう．しかしよく指摘されるように，こうした民間技術が居村のなかで必ずしも信頼を得られず，かえって遠隔地で迎えられる傾向がみられたといわれるのも単純に農民の排他性にもとづくというだけではなくて，生産農民の経験・知識レベルとその自負を示すものでもあろう．そう考えるのは次の第2の性格にも関連する．

　第2の性格とは育種は国，府県の機関に移ったために，農民的技術が主として育苗と栽培技術を対象としそこに集中していることである．ここに農民的技術をもって多労型の小農技術であるとごく単純に規定する背景がある．育苗と栽培管理に関する観察や経験が日本の農業にとっての生産力のクリティカル・ポイントであり，周到な管理の重要さは生産農民のよく知るところであり，そこに創意や工夫の努力に値する多くの対象があったはずである．しかもこのような管理技術にはその経験や観察を容易に一般化しにくい要素が多い．農民技術が居村において，賛同者をなかなか得られなかった理由もここにある．

　これらの農民技術の主唱者が，試験場を訪れ，相談をするという例がなぜ少かったのか，主たる原因は農民側にあったのか，あるいは試験場側にあったのかはわからない．しかしそうしたなかでも，後に試験場がこれをとりあげ，日

本農業の重要な知見として完成させただけの意味をもった優れた技術があったことは充分評価しなければなない点である．

　第3に，農民自身の頭と手による技術の開発は，身びいきの気持をすてて客観的に眺めるとき，広い意味では日本の農政の流れに包括されるごとき特色が指摘されると思う．時に農事試験場技術と農民技術の対立ということがいわれたが，無名で終った多くの農民技術は試験機関の直接の関心をひかないままに消えたし，反対に有名になった数少い農民技術は試験機関によって関心を惹き，両者の連携のなかに育ったことを考えると，この対立の実体についても厳密な検討を要する．

　くりかえすように，地主層の生産からの後退が進むにしたがって，生産農民は生産の直接の主体として，その創意と工夫のもとに絶えず努力を続けてきたが，しかしそれが広く承認され，普及性をもつに至ったのは試験研究機関の関心を惹くに至って着目されたからであり，しかもこうした着目は，米の需給の堅調化にともなう増産指向期に政策的に掘りおこされて初めてなされたという事実は指摘されるべき点であろう．生産農民の以上の役割の変化は一方に農民技術の発生を導く力になったが，一方地主の生産的指導の後退により，試験機関の発言は強まり，しかもそれが農民からの要求と深く関連して取りあげられる方向にも力を貸した．荻原豊次の保温折衷苗代も試験研究機関との連携の好例であるが，「保温苗代」と正式に命名したのは試験場であった．

参考文献

1. 日本科学技術史　第1巻及び第2巻（農学篇）第一法規
2. 日本農業発達史　農業発達史調査会　中央公論社
3. 戦後農業技術発達史　農業技術会議
4. 川田信一郎「日本作物栽培論」養賢堂
5. 川田信一郎「冷害―その底にひそむもの」家の光協会
6. 稲作民間技術の種類と分布　農業技術協会
7. 松尾孝嶺「水稲品種改良史上の諸問題」農業発達史調査会資料
8. 御園喜博・川田信一郎「黒沢式稲作法の特色とその普及条件」農業経済研究　第26巻3号
9. 金沢夏樹「農学研究の推進者」農業経営研究　第17巻1号

10. 金沢夏樹「稲作経営の展開構造」東大出版会

3. 農学研究の農政とのかかわり合い

　(1) 日本の農学の発展，推進に対しての農政の関与を考察するとき，これを二つの範疇に区分して観察できるかと思われる．一つは試験場その他の研究機関によって作られた新技術の普及を条令等の形を通じて政府の強権によって滲透させようとした指導体制としての関与である．これは明治後半からの増産政策期ともよび得る時代に主として指摘できる特徴である．かかる強権的な技術の農民への下達滲透の要請は在来の農民技術の吸収と理解という点でより積極的であった明治前期の姿勢とくらべると大きな変化といえるものであった．もう一つの関与は，より直接的な農政関与ということができるが，大正中期，とくに米穀法制定以降，農政の主座に米価の調整がおかれるようになって以来の需給調整の立場からの試験研究への関与である．米価の維持調整上の要請から，時に米の増産が，時に減産としての生産調整が要請され，研究課題としても，それへの急速な対応が要求された．この要請のもとにある種の課題が重点的に取りあげられ，農学としての発展経過という視点にたってみても，重要な一時期を形成するという例は少くない．つまり日本の農学発展の跡をたずねるとき，一つの分野の学問的研究の展開が，農政としての要請により大いに刺激され，研究としてもそれを土台として飛躍したという例の少くないことに気づくのである．こうした経過をたどること自体勿論プラスの面として評価すべき積極面を意味しているが反面，マイナス面として反省を迫られる側面を含んでいることを意味する．農学が農業という産業を基礎としている限り，社会的要請をみずから正しく受取ろうとする姿勢は大切に違いないが，社会的要請とはすなわち農政としての要請として，農業問題の所在と，それから来る農学の課題の所在を農政の方向のなかにのみ見つけようとする姿勢が少くないのは，これまたわれわれの注意をひくところである．

　(2) 最初にあげた指導体制のサイドからの関与について簡単にふれたい．明治政府の農業政策が一応出そろうのは日清戦争の戦後経営の時期とされるのが一般である．明治26年（1893年）農商務省農事試験場が官制によって制定され，翌27年には府県農事試験場規定が公布されているが，明治32年府県農事試験場国庫補助法が生れ，農会法，耕地整理法が，さらに明治33年には産業組

合法が相次いで発布された．しかしこれらの諸政策が本格化されてくるのはその後の日露戦争を経て後の戦後経営の時期であるが，農事改良をもっぱら官府の農業行政のなかにおいて実現しようとする方向の強化でもあった．それは農会法の改正を伴いつつ，法認的中央機関としての帝国農会を頂点とする全国組織に仕組まれた系統農会を通しての行政権力による新技術の滲透政策ともいいかえることができる．すなわち明治36年（1903年），農商務省は全国の農会に対して必行事項と称して次の15項目をあげている．(a) 米麦種子の塩水選，(b) 麦黒穂の予防，(c) 短冊共同苗代，(d) 通し苗代の廃止，(e) 稲苗の正条植，(f) 重要作物，果樹，蚕種等良種の繁植，(g) 良種牧草の栽培，(h) 夏秋蚕桑園の特設，(i) 堆肥の改良，(j) 良種農具の普及，(k) 牛馬耕の実施，(l) 家禽の飼養，(m) 耕地整理の施行，(n) 産業組合の設立など．その励行のための諭達はやがて戦時の時局政策として，漸次，府県令による強制にきりかえられて，大正の初めに至るまで，農事指導の官府強制としての役割を果したことは注目を要するところである．

「米作ニ関スル府県令」にみると，とくに次のような問題がわれわれの注意をひく．この「府県令」は明治30年代の米作に関する各種府県令を集録したものであるが，短冊形苗代の設置，共同苗代の設置，通し苗代の廃止，病虫害駆除予防，石灰の禁止，脱穀乾燥等の米穀検査に関する県令等が含まれている．これに違反する場合には拘留，科料の罰則が付せられている点に特徴がある．この府県による強制の対象は主として耕種改善に偏しており，諭達15項目には牛馬耕や耕地整理なども取りあげられているにもかかわらず，府県令としては直接取りあげられなかったこと，また苗代に関する府県令には東北諸県の比重が高く，病虫害，石灰禁止の府県令には西日本の諸県が多いこと等も「米作ニ関スル府県令」を通覧して感ずる一つの着目すべき問題であろう．

このような強制的技術指導がどこまで試験場での充分な成果をふまえてのことかは，よくわからないが，石灰施行の禁止はまもなく訂正された．だが試験場技術が現場での農民技術との接触の途をこれによって自ら塞いだという点も注目を要することであろう．こうした農会を通じての官の指導が末端までゆきわたった段階で，これに代って補助金政策が前面にでてくるのである．

(3) 農学の展開に与えたより直接的な農政の関与は，時に応じての研究課題への農政的要求と，その推進のなかに見られる．戦前東畑精一は日本農業を動

かす者は誰かという命題を提出し自ら答えて，そうした企業者としての役割を果したものは官府であるとした．しかしそれは企業者といっても自ら危険負担をしない企業者であって，危険を負担するのは農民である．東畑によれば農民は殆んど自らの創意のもとに動くことのない「単なる業主」として位置づけられているが，そうした云い方からすれば「危険負担をせざる企業者としての官府」と，「危険負担をする単なる業主」としての農民との関係のなかに日本農業は展開したということになる．

いま米価調整を中心の座にすえ始めた大正以降の農政の農業の技術研究への関与の姿をながめるとき，この危険負担をせざる企業者という東畑精一の官府の性格表現はかなりの適切さを持っていると思われる．

その直接的な農政の技術研究への関与は，開墾開拓，土地改良等の技術研究分野である農業土木学と，耕種，種芸の分野でとくに顕著であると思われる．

まず農業土木学の諸研究のあとを，こうした関連から一瞥する．

上野英三郎が農商務省の命によって「土地整理論」を書いたのは明治26年である．さらに上野は「耕地整理講義」を公にしたが，それはいわゆる田区改正とよばれる区画整理論であった．これは外国人雇教師の1人であったドイツ人エッゲルトの「小田の結合」の思想と同じ路線の上にあるものと云えるが，牛馬耕の効率のための一区画としての耕地の形状と面積の合理的基準を求めようとするものであった．結論として，標準を20アールないし30アールとしているが，それから約50年第2次大戦前まで彼が合理的とした区画は殆んど実現をみなかった．

理由はこうである．一つは算出の基礎となった馬耕のデーターはヨーロッパにおける畑地のデーターに殆んど依存せざるを得ない実情から，事実や自らの実験に基づくこと少く，観念的な考察によらざるを得なかった点である．二つは上野の論作のころは，井上馨や佐藤冒介などが唱導していた大農論が明治20年代に入ると早くも急激にその勢力を失い始めたその時期に当ることである．したがって田区改正のごときもそれ程の実効を殆んど持たないままに終った．上野が実験データーを日本農業のなかに求めることができなかったのも当然である．こうした趨勢は増収をのみ指向する地代取得者としての地主の勢力の増大と相まって，官府もまたこれに呼応して農政を指向した結果でもあった．かくて耕地整理事業は法律の改正を伴いつつ，その主要な内容を区画整理からよ

り増収的な灌漑排水へと変化させた．能率化よりも増収を直接の目的とするこの変化も小作問題への農政対応に他ならないが，「区画大にすぎれば収穫減ず」といった説に対しても上野はこれを論破しているが，彼の所論や研究はこうした農政環境の中では浮き上った形となった．新沢嘉芽統が，耕地の区画整理は少くとも戦後のある時期まで，農業土木学の研究中もっとも遅れた分野であると指摘するのも首肯できるところである．

　大正7年（1918年）の米騒動は第1次大戦後のインフレーションと相まって米穀商人の買占めのために生じた著しい米価の高騰を契機としているが，翌8年政府は開墾助成法の公布によって，増産促進をすすめ米価調整にのりだしてくる．さらに北海道産米増殖計画，つづいて台湾，朝鮮の産米増加が次々と計画実施されることになるが，農業土木工学の分野もこの政策背景のもとに一つの展開期を迎えた．すなわち灌漑排水に関する諸研究が中心であったと言えるのではないかと思われるが，小作争議のための対策としての増産のための排水幹線改良事業がさらに加わり，それが大きな増産政策上の役割を果すに至ると，はっきりと灌排水が農業土木事業としての主座をしめるに至ったといえる．具体的に，この分野の研究として灌漑水の温度分布調整と貯水地の構造との関係についての研究，堰堤用水路，および分水装置の設計研究等があり，さらに灌漑排水の改良事業が大規模になるに従ってヨーロッパ等の外国技術の移入紹介等が見られるのである．また開墾助成法による国の手での大規模開墾は開墾とはいってもそれは主として開田であったために，灌漑排水の技術がやはりその中心となり，開墾技術そのものは殆んど研究の対象にならず，開墾がこの分野での研究的関心をひいたのは戦時および戦後の食糧増産が要請された緊急開拓の時期であった．さらに米価低落の著しかった昭和4～6年を中心とするいわゆる昭和農村恐慌とよばれる時代にも，農業土木研究はこれに対応した動きを示している．大正10年制定の米穀法はその後改正されて数量のみならず市場価格の調整にまでのりだし，台湾，朝鮮の移入米調節にも介入することになるが，昭和恐慌とよばれる米価低落による農村窮乏を救済する一手段としての救農土木事業を含む農政からの要請もまた，この分野の諸研究の動向に一つの特徴を与えていると思われる．10年前の用排水幹線改良の時代では500ヘクタール以上の既耕地が対象とされていたが，この時期にはより小規模な事業までがその対象に含まれる．暗渠排水もこの時期から国庫の補助事業に加え

られた．小規模な灌漑排水計画，暗渠排水に関して，さらに床締客土などに関しての諸研究もこの時期に多くとりあげられている．1931 年（昭和6年）発足してまもない農業土木学会は「農業土木ハンドブック」を公けにした．これは土地改良技術の基礎と技術プロパーの両部分から成っているが，戦後までも土地改良技術の良き手引書となっていた．しかし山﨑不二夫の指摘するところでは，開墾に関する部分や区画整理に関する部分は関係法規や手続の説明に終始し，技術に関する記述が少く，技術そのものの遅れを示すものとしている．以上の研究経過からみても首肯できるところである．

　戦後の緊急開拓事業は過去のおそらくは何十年分にも相当するであろう量の農業土木事業を実行に移した．それらは戦前のそれと比較すると事業規模の大きなものが著しく多いことが特色としてあげられる．当然，技術としてもそれに見合う設計，施行の開発が進み，また経済の立場からの合理的技術も進んで来る．だがこうした流れを土台として，いままで未開拓とされている土壌侵蝕防止，畑地灌漑，流水客土などの分野での研究展開が見られたことも重要なことであり，農政課題が与えた研究推進としての積極面を示すものといえる．農業基本法の表看板である農業構造政策の具体的な事業としての農業構造改善事業と対応して農業土木工学が研究面においてどの程度の影響をうけたかは知らない．むしろ国土総合開発法の制定以降，国家政策との関連は地域工学的な側面を通して，農業生産との関係をこえて広くかつ深いものになったのではないかと思われる．だが農政との関連でも，食糧生産の要求が弱まり，第2種兼業農家は膨大な滞留をみせ，都市と農村の調整の必要，環境の悪化等から，ここ数年農村再整備計画等が打出され始めて以来，農政サイドからの農業土木学への研究要請も大きく，またこの農村を再整備し集落を再編するといった計画に対しもっとも強く関心と対応を示したのも農業土木研究者であろうと思う．農学研究に対し，農政の影響が最も直接的であったのは農業土木の分野であったと思う．

　(4) 農業土木自体が多くの場合比較的大きな財政投資を要するものだけに，農政との関連性が農業土木工学の研究において他の分野のそれよりも明瞭に見られることは当然といえば当然である．しかし一般耕種研究の場合でも個々の作物の研究はその時代的要請にもとづき国の試験研究機関を通して進められて来ているし，またそれによってその分野についての一つの研究的盛況期を形成

したこともある．例えばさきにみた米騒動以降の米価抑制のために採られた増産政策の推進の時期は稲作の技術史上にも一段階を画した注目すべき時期ではなかったかと思われる．単に灌漑排水といった土木上の改善だけではなく，栽培や育種の立場からも大きな転換期でもあったと思われる．例えば大正末から昭和期にかけて多くの地域では在来品種は大幅な交替を示している．その背景には純系分離から交雑育種へと育種方法の発展と組織化が進んだ事実も勿論大きいが，そうした米生産の対応を米価調整という従来よりも，もっとはっきりした農政からの要請のもとで促進されたことも注目しなければならない．

　コムギの組織的研究が昭和恐慌期に始められているが，直接的には輸入対策として説明されているコムギ増産も，つまるところ本当の意味は米価低落期における他作物奨励策の一つであったし，ダイズの研究，サツマイモの研究等が学問的関心をよぶに至った契機も，いうまでもなく食糧増産の施策のもとにおいてであった．だがこの種の研究はその政策的要請の変化とともに縮小し稀薄になることもその性質上さけられないことであった．

　明治の大農論や輸入農学に対して古老の抵抗が強かったのは周知の通りであるが，特にそれが，西日本の暖地稲作において著るしかったのは，当然の理由があった．既にみたように，昭和も戦後のある時期まで日本はむしろ少肥国であった．欧米の如き相対的に寒冷な条件下での多量基肥方法をそのま、高温多湿な日本の風土にそのま、移行できない．多量に過ぎることなく稲の成育にあわせて適時の肥培管理を丁寧に行うことが，日本稲作の技術的特色であり，特に西南暖地稲作の高い知識水準を示すものであった．湿度と気温の高い条件下での稲作の要点は倒伏防止と病虫害であった．多肥による過成長は避けなければならないし，そうかといって一定の窒素量は収量のために必要である．そこに西南暖地の経験と知識の粋があったと私は思う．肥料分施の体系であった．東北段階と近畿段階という段階的差が戦前の稲作経済にとっての一般的な認識であったが，生産力の水準と安定性の優位は西南暖地の精密な栽培管理によるものであった．分施はそのエッセンスであったと思う．

　しかし生産力の要請と相まって戦後経済の回復期から稲作改変の眼は東日本の比較的な寒冷稲作にむけられる．その代表的技術は対寒性品種の育成は勿論のこと，保護苗代と田植の早期化であった．健苗と生育期間の延長が計られ，保温折衷苗代と早期田植が進められた．だがもう一つ注目したいのは東日本で

の著るしい多肥化である．基肥に中心をおいてきた東日本での追肥はもともと議論の多いところであったらしいが，東日本の急激な生産力の上昇は，品種，健苗等々とともに，追肥の傾向も明らかに増産の大きな要因だったと思われる．東日本での後期重点施肥による分施の拡大の一つの契機をなしたものは，青森農試によって開発された深層追肥であったと思う．1960年以降，深層追肥は農民の間に急激な反応をよび普及したが，東日本における基肥主義から分施への移行は施肥のレスポンスを有効化するために西南暖地の追肥の理論が，東日本にも及んだということであろうか．高温多湿の風土が稲作に与える問題点は東日本でも基本的に同じであった．生産力の戦後の上昇はまず西日本から東日本への技術移行の中にみられた．「西」から「東」への稲作追肥技術の一般化であった．しかし高度経済成長期と一致した農基法以来もう一度移行の逆流が見られた．「東」から「西」への移行である．一つは食味につ

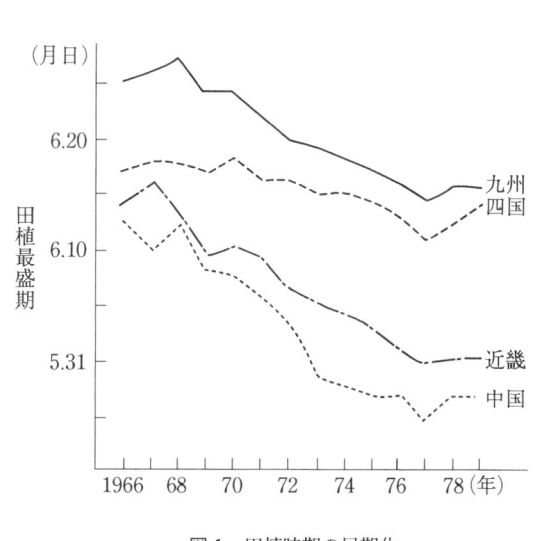

図1　田植時期の早期化

表1　水稲収量の地域変化

年次	収量上位5県	収量最下位5県
1933～37	佐賀，奈良，大阪，山梨，香川　376.6kg/10a	鹿児島，高知，岩手，青森，北海道　242.2kg/10a
1950～54	山形，長野，佐賀，新潟，秋田　351kg	和歌山，北海道，宮崎，高知，東京　254.1kg
1962～66	長野，山形，佐賀，青森，秋田　480.1kg	徳島，北海道，宮崎，高知，東京　316kg
1971～75	青森，山形，秋田，長野，佐賀　543.4kg	徳島，神奈川，大阪，高知，東京　389.4kg

「作物統計」より

いて，ササニシキ，コシヒカリに代表される品種が，西南暖地にも急激に普及し，過剰生産と米価の低落に対応する動きが見られたことである．もう一つは構造改策と規模拡大や機械化促進の影響である．機械化促進のための区画拡大だけを意図する基盤整備事業は集約的土地利用型の農業経営の形をとりえないで，単作型の経営形態を強いることになり，粗放化と兼業化に拍車をかけた．特に相対的に小規模の西日本での農業の後退は大きく単純な小規模機械化単作農業に移行した．省力化の名の下に機械化は栽培管理を粗放化させつ，東から西へ流れた．とくに田植期の早期化は「東から西」へ及んで，水田の二毛作を全面的に後退させた．「西」から「東」へ，そして「東」から「西」へ．西日本と

表2 10a当たり水稲収量の地域別変化

	1888〜92年	1913〜17年	1938〜42年	1963〜67年	備考
北海道	173 kg (100) 80.1	178 kg (102) 63.8	218 kg (126) 70.6	347 kg (200) 85.3	( )内伸び率
東　北	192 (100) 88.9	244 (127) 87.5	210 (161) 100.3	461 (240) 113.3	
関　東	206 (100) 95.4	253 (122) 90.7	302 (146) 97.7	379 (184) 93.1	
北　陸	235 (100) 108.8	284 (120) 101.8	336 (143) 108.7	450 (191) 110.6	
東　山	219 (100) 101.4	284 (129) 101.8	347 (158) 112.3	424 (193) 104.2	
東　海	209 (100) 96.8	295 (141) 105.7	327 (156) 105.8	358 (171) 88.0	
近　畿	259 (100) 119.9	330 (127) 118.3	345 (133) 111.7	379 (146) 93.1	
中　国	213 (100) 98.6	277 (130) 99.3	266 (134) 92.6	393 (184) 96.6	
四　国	207 (100) 95.8	304 (146) 109.0	293 (141) 94.8	368 (177) 90.4	
九　州	212 (100) 98.1	294 (138) 105.4	306 (144) 99.0	414 (195) 101.7	
全　国	216 (100) 100	279 (129) 100	309 (143) 100	407 (188) 100	
全　国 収穫量	t 5,786,183	8,087,804	9,301,370	12,771,000	

農林水産省「累年統計表」および「作物統計表」より

表3　本田追肥の変化

	戦（1940年頃）	戦後（1955年頃）	現在（1965年頃）
青森 三本木平野	生育がおくれ冷害の危険があるので行わず	1番除草後（6月下旬）硫安，4～5貫　〔0.1〕人	表層穂肥追肥が多い．深層追肥20％普及，窒素成分換算5～10kg　〔0.2〕人
宮城 仙北平野	行わず 節約のため1942年頃分施奨励	一部に出穂25日前頃施肥全量の20％（N）追肥，硫安5kgまたは尿素2kg　〔0.2〕人	出穂20日前から3回施用，1回のN成分1.5kg　〔0.2〕人
山形 庄内平野	行わず 6月下旬むら直し．1943年頃奨励，全量の分施，1/3～1/4　〔0.5〕時間	施肥全量の1/3～1/4．幼穂形成期，穂厚期，その他1番除草前　〔2.0〕時間	N・K化成． 成分　　　N　　　K 幼穂形成期　1.5　　1.5 穂厚期　　　2.0　　2.0 穂揃期　　　1.0　　1.0 　　　　　　〔2.0〕時間
長野 松本平	行わず 一部むら直し　〔0.1〕人	前期に同じ　〔0.1〕人	第1回6月下旬硫安2貫，2回目7月上旬，3回目8月上旬，いずれも同量　〔0.3〕人
石川 加賀平野	石灰は6月下旬に施す．石灰20貫，下肥15斗　〔4.5〕時間	硫安分施 根付肥1.0～1.5貫．中間追肥1.5貫2回，穂肥12貫　〔3.5〕時間	化成肥料（12：8：10），出穂20日前kg，出穂後尿素　〔3.2〕時間
愛知 西三河平野	第2回の中耕直后田植後大豆粕硫安，土用すぎ草木灰	田植後10日，第1回中耕直前に配合肥料．土用すぎ草木灰	化成肥料（N14：K14,客土4），出穂前25～30日，10kg，同15～20日，10～15kg，同5日10kg
奈良 大和平野	中耕・除草の第3回または第4回の際に硫安7.5kg，過石11.25kg　〔3.7〕時間	ほとんど前期と同じ．　〔3.7〕時間	出穂後，NK化成（16：0：16）kg　〔2.8〕時間
香川 讃岐平野	田植後30～35日，堆肥80貫石灰25貫　〔4.0〕時間	7月上旬〔田植後10日〕，7月中旬（同20日），8月中旬（幼穂形成期），3回各硫安2貫　〔4.0〕時間	7月上～中旬（分げつ期），P.C.P化成（15：15：15）20kg，8月上～中旬（幼穂形成期）N・K（15：0：15）kg　〔3.0〕時間
佐賀 佐賀平野	7月下旬～8月下旬，配合肥料4～5貫　〔1.0〕時間	7月中旬（分げつ期）硫安3貫，8月中旬（穂肥）硫安2貫　〔2.0〕時間	7月中旬（分げつ期）N・K化成20kg，8月中旬（穂肥）同20kg，9月上旬（実肥）同10kg　〔5.0〕時間

日本農業研究所『戦後農業技術発達史』第2巻，水稲作地域篇，参照

表4A 稲作主要地域，基肥，追肥比率（窒素化学肥料，1948年）(%)

		基肥	追肥
青森	津軽平野	81	19
宮城	北部平坦部	90	10
秋田	南部平坦部	70	30
山形	庄内平野	77	23
栃木	足利沖積地域	75	25
新潟	蒲原平野	79	21
富山	平坦扇状地	72	28
石川	南部平坦部	67	33
滋賀	湖東平坦部	53	47
三重	伊勢平野	50	50
兵庫	播州平野	48	52
奈良	大和平野	26	74
鳥取	鳥取西部	61	39
島根	出雲平野	53	47
香川	平坦部	29	71
高知	高知平野	34	66
福岡	筑後平野	63	37
佐賀	佐賀平野	68	22
全国平均		67	33

出所；農林省肥料課「農業地域と施肥の実態」（1950年）より作成．

表4B 1959年窒素施用量に対する追肥割合（%）

	追肥実施面積の割合	追肥量の割合	参考，1957年追肥量割合
北海道	13	18	4
東北6県	56	23	12
関東7県	99	26	14
東山2県	52	25	14
北陸4県	83	26	23
東海4県	76	33	29
近畿2府4県	96	41	32
中国5県	81	36	30
四国4県	94	50	52
九州7県	81	36	31

出所；川田信一郎「作物栽培をめぐる諸問題」，『農業及び園芸』48巻4号．

東日本の農業経営の地域性は著しく薄れ，画一的な姿をとることになった．

農学研究の方向が技術を通して推進された経過の中に，農政の強力なバックがあったことがわかる．農政は農業の地域性を薄めることをむしろ良しとしたのである．末尾にこの間の東西日本の技術画一化を語る表を参考に示した（表1～4，図1）．

くりかえすように農学研究が農業という産業と深く結びついている限り，研究者の眼は，その背景となる社会状況にそそがれるのは当然である．それが農学研究上の大きな推進力であったことは間違いない．しかし社会状況への注意深い関心をもったとしても，それをそのまま農政の示す課題への適応という形でのみ農学研究者が理解しているとするならばそれは間違いである．

参考文献

1) 日本農業発達史　第6巻～第9巻　中央公論社
　　とくに第9巻　盛永俊太郎「育種の発展」
　　〃　新沢，山﨑，八幡「農業土木学」

〃　川田信一郎「農作物における生理，生態の研究」
2)　「米作ニ関スル府県令」，日本農業発達史　第8巻　別篇
3)　金沢夏樹「稲作経営の展開構造」及び「稲作の経済構造」東大出版会
4)　今村，王城他「土地改良百年史」平凡社
5)　暉峻衆三「米騒動の研究」東大出版会
6)　高橋万右衛門「育種からみた寒冷地稲作の成立過程と今後の方向」（未定稿）
7)　嵐　嘉一「近世稲作技術史」農文協
8)　東畑精一「日本農業の展開過程」岩波書店
9)　農業技術研究所80年史　農業技術研究所
10)　1976年日本作物学会シンポジウム記事
　　「わが国耕地における作物の生産力とその向上について，暖地水稲多収穫へのアプローチ」

　本稿は日本農学会が「日本農学50年史」（養賢堂，1980）として編集出版された中の一部である．この中で「日本農学研究を推進してきたもの」をテーマに
　古島敏雄が「農学研究者の生産への関心と研究の画期」
　松尾孝嶺が「大学と試験場における農学研究の展開」
　金沢夏樹が「農学研究推進者としての農民及び農政」
を分担執筆したが，その分担部分に補筆を加えたものである．

第3章 F.アーレボーと現代
―農学と市場経済―

1．はじめに―アーレボーと三つの問題―

（1）フリードリッヒ・アーレボー（Friedrich Aereboe）は1865年ハンブルグの近郊ホルンに生れ，1942年8月卒中で死んだ．1992年度の日本農業経営学会大会では彼の没後50年を記念してシンポジウムを開催するとともに，アーレボー特集号を編集した．本稿はその際の私の記念論文をもとにして，若干の加筆と修正を加え，論旨の筋を明確にしようと試みたものである[1]．

アーレボーの農業経済学とくに農業経営学への直接間接の寄与と影響はまことに深く大きい．ヨーロッパにおいては勿論のこと，アメリカにおいても日本においても同様であって，その名を知らない専門家はいない．

しかし彼の著書が主著「農業経営学汎論」（Allgemeine Landwirtschafthiche Betriebslehre, 1923）を始めとし，すべて膨大かつ多面に亘っているためか，日本でのアーレボーへの関心はチューネンの市場均衡論の後継者として，つまりチューネンルネッサンスとよばれるチューネン学説復興期の旗手として，この点に集中し過ぎている．アーレボーが近代農業経済学，経営学の祖と称されるのも経営有機体の市場経済的解析の貢献のゆえであり，それはそれとして妥当な評価であるといっていい．

しかしアーレボーはチューネンルネッサンスとよばれる農業経営学変革期に農業経営成長のためのもう少し広い視野をつくりあげていた．アーレボーが「個と社会」「社会の中の個」の中に個の本質をみて，個に根を置く大著「農業政策」に特異の理論を展開したことにまで注目する人は決して多くはない．

この「個」と「社会」の二つの側面は，しかし別々のことのように見えても，アーレボーには表裏一体のものであった．有機的組織体の経営的解析がいわば経営管理論であるならば，後者は社会に生きる個としての経営成長論である．アーレボーが「個」という時，自己完結的な個のみならず，個と関連する「周囲の社会」が強く意識されていた．

(2) アーレボーを現代に置いてその意義を問うとするなら，三つの問題にわけて考えてみることが適切だと思える．

(一)つはアーレボーの活躍の前史をなす何十年かの農業経済学のいわばシュトルム・ウント・ドラングの時代に農業経済学は何を悩み何を生んだのか，その苦闘の歴史の意味を探ることである．すべての農業経済学史に関連する著作が最大のクリティカルな事件として示すのはアルブレヒト・テーヤに始まった農学の体系がリービッヒの出現によって深刻な打撃を与えられたことであった．リービッヒの鉱物質肥料の提唱は単に厩肥による農業重学的思考を打ち砕いたのみならず，テーヤ農学の体系と課題の一変を意味した．農業経済学は大揺れに揺れて，ここに苦悩と苦闘の時代が始まる．ここに二つの対応が見られた．その一つはテーヤの流れに沿ってリービッヒとの対抗を試みようとするものである．テーヤの直系の弟子であり，有名なドイツ農学の体系を作ったF. G. シュルツェ（Schultze）による「テーヤかリービッヒか？」という著作はこれを代表する．副題に示すように，これはリービッヒの鉱物質肥料説に対しての農業経営上からの吟味と検討を内容とするものではあるが，単なる地力維持論をこえて，農業自体の哲学的基礎にまで及ぶものであった．もう一つの流れはリービッヒへの対抗として，農学の再建を考えるというよりも，これを契機として農業経営学の市場経済学への純化を計るものであった．ブリンクマンのドイツ農業経済史によれば，リービッヒの所説は自然科学的にはより正確であるにしても，最も粗雑な経済学的誤診を含むものであるとしている．チューネンへの復帰はかくしてチューネンルネッサンスの活動として抬頭した．チューネンはテーヤと違って輪作の絶対的有利性を信せず，その有利性は市場への立地条件による相対的なものにすぎないとして，リカードの豊沃地代に対して位置の地代を提唱したが，チューネンルネッサンスの人々は更にこれを一層進めて，すべてを市場価格に対応する均衡論的な関係の中に経営活動の合理性を見ようとした．地力論も集約度論もすべて生産と支出の価格関係によって決定されるものであり，その適正度は相対的なものとして理解された．つまり地力論も集約度論も生産力的理解なり，技術的視点を離れて純粋に市場経済的理解の中に溶けこんでいく．19世紀末から20世紀初頭にかけてベトリープスレーレと名づけられた著書が輩出している．農業経済史上，ベトリープス即ち経営という概念の明確な誕生は重要な事実であるが，それはチューネンルネッサンス

の人々の間から生れた．ここに近代農業経営学は一挙に花開くことになる．

　しかしながら以上の二つの流れは，いずれもリービッヒ出現への対応を契機とするものの，大きな相違がそこにある．テーヤ学派が，シュルツェを始めゴルツ等によって，リービッヒに真正面から対峙しようとしたのに比較すると，チューネルネッサンスの場合はリービッヒとの直接的な挑戦を回避して，従来の農業経済学からの方向転換を計ったというべきではないか．農業経営学は農学の色彩を希薄化させながら経済学としての体系化の道をかけ足で登ったということになる．

　アーレボーはチューネルネッサンスの末期にその活動期を迎えた．いわば締めくくりを必要とする時期にその任を負って登場したということができる．しかしアーレボーはたしかにチューネンの子ではあるが，後にのべるように他面においてテーヤの子であったことを見逃すべきではない．事実アーレボーはテーヤとその直弟子のシュルツェと更にその直弟子のゴルツの流れをくむ後継者として，まさにテーヤ学派の嫡子でもあった．アーレボーはゴルツからテーヤやシュルツェの思想を教えられたことを深く感謝している．アーレボーにはテーヤの農学の思想と，チューネンの体系がつねに葛藤していたように思われる．アーレボーについて市場価格対応の経営管理にしか眼をそそがない者は往々にして彼の農学的生産力的配慮の深さを知らない．アーレボーたちが経験したこのシュトルム・ウント・ドランクの苦悩の歴史は現在もまた農業経済学がそのまま引きつぐべき課題である．

　(二)つのアーレボーの現代的な意義は農業経営の有機的組織体としての明確な解析である．アーレボー程，具体的に経営組織の部門間の結合の論理と調整を分析した者はいない．チューネンの地代論がリカルドと違うのは，リカルドのそれが土地豊沃度の相違による地代であるのに対し，市場への位置による地代であることは誰も知っているが，それ以上にチューネンの場合には，三圃式なり輪栽式なりという経営組織の違いが生むところの地代であった．作物が生む地代の違いではなく経営組織が生む地代の違いであった．アーレボーの場合，この経営組織論の部門の相互作用の分析は彼の中心的な研究分野であった．農業経営の管理論的研究もアーレボーの有機的組織体から深く学びとる必要がある．

　(三)つはこうである．それはアーレボーの「農業政策」への着目である．単

なる保護政策から経営自立を指向する政策の移行の必要が云々されるとき，アーレボーの個と国家の考え方には注目すべき点が多い．

　私はかねて農業経営成長の条件とは何かを考え続けた．「個と社会」との間に介在する問題を個の立場から見ること，また農業経営の自由なかつ自主的な活動の範囲（スピールラウム）の拡大のために国はまた地方自治体は何を，どのような順序でなすべきか，その政策体系のあり方を考えてきたが，これらはアーレボーから触発されることが少なくなかった．アーレボーは「農業政策」の中で土地政策や教育政策はもちろんのこと，自由経済下での国際関税政策などに至るまで個の発展の立場から説いている．一国の農業といえどもいかに「個」の充実を土台とすべきかは，アーレボーのよって立つ思想であった．

　一言付言すれば私自身これまでアーレボーをエーレボーとよびなれてきた．文字通り正確に発音すればエーレボーであろう．しかしドイツの研究者たちはアーレボーと発音する．柏祐賢教授はアーレボーが幼少の頃住んでいたバルト地方の発音であろうと言われる．それがドイツでも引きつづきそうよばれたのかも知れない．私もそれにならってアーレボーとよぶことにする．

2．アーレボーの略歴

　マックス・ロォルフェス（Max Rolfes "Friedrich Aereboe als Mensch und Lehrer"）に従ってアーレボーの研究活動を知るための必要限度において彼の履歴をみよう[2]．1865年ハンブルグ郊外に生れたアーレボーは有名な神学校であるヨハン・ハインリッヒ・ヴッヘルンの前身である Rauhes House の管理人でもあり教師である H.J. アーレボーを父とした．母はハンブルグのモーアナレスの農家の出身であった．この母方の祖父はオランダ農民であって，アーレボーは幼い頃，その祖父の農場で家畜を飼い，作物を育てる楽しみを経験したという．

　アーレボーの父方の祖父はやはりオランダ系の穀物商人であったが若い時に外交官でもあった．スペイン駐在中スペイン婦人と結婚しているが，アーレボーの激しい情熱はこの血の遺伝であろうとアーレボー夫人はそう思っていた．ロォルフェスはそのように書いている．

　アーレボーは幼時から少年時代の教育をラトビアのミタウ及びリガでうけている．父の管理している Rauhes House と協定していた教育機関がリガの近く

に出来たからである．8歳の時であった．この頃父に伴われてアーレボーはバルト海沿岸の短い旅を経験する．ドイツ人，レット人，ロシア人三民族の混住する全く違う世界に接して，彼の印象は深く，終生この思い出を語り続けたという．この頃，アーレボーは正式な教育を殆どうけていない．農場にでる日が多かったという．後にギムナジウムの教育をミタウとリガでうけている．

　18歳の時に，リガから農業の勉強のためにホルスタインに移る．1885年アーレボーはカツペルン農学校で実務を学ぶ．ここで彼は彼自身が終生の恩人とよぶ Dr. ブリューマーに出会う．ブリューマー（Dr. Brümmer）はカツペルン農学校の校長であったが，その後も公私にわたる助言者であった[3]．

　彼が終生忘れ得ぬ恩人とよぶもう一人の人物はフォン・デヤ・ゴルツであった．1889年アーレボーはイエナ大学でゴルツのもとに農業経営学を学び，やがて助手となる．この時期さきにのべたもう一人の恩人とよぶ Dr. ブリューマーもイエナ大学の農業生産学の教授になっていた．

　イエナ大学でのゴルツのもとでの研究はアーレボーにとって画期的なものであったようである．ここでゴルツの農学思想を学びながらゴルツの師でもあり農業経済学の重鎮であったハレ大学の F.G. シュルツェの学説を学び深い影響をうけた．シュルツェはリービッヒの出現に際し，テーヤ学派の擁護派の代表的人物であるが，シュルツェ及びゴルツを通して，アーレボーもテーヤの深い影響をうけることになる．

　ゴルツの指導をうけて，アーレボーはしばしばスイスのバーゼル大学を訪れ，Taxation に関する一連の理論と実地に関する調査研究を行っている．この仕事は1894年から開始された．若い時代のアーレボーの仕事について次の二つのことは彼の特色を知る上に重要である．一つは D.L.G (Deutsche Landwirtschafts Gesellschaft) とよばれる農事協会で簿記の指導に当たったことである．1万5,000人の会員をかかえる D.L.G の4年に亘る関わりあいは，彼の農業経営学の知識を深めるに役立ったといわれる．もう一つは，D.L.G 後に，5年に亘ってフォルテンにあったブリュール伯の5,000 ha の農場管理に当たったことである．ブリュール伯との協力で科学的改良を重ね，経済的危機にあった農場の立て直しに成功した．

　彼がチューネンの著作に接したのは1901年妻を失った傷心を癒すための休養の時だったと Rolfes は書いている．チューネンの相対的な有利性の立地論

は深くアーレボーの心を把えた．1905年出版の"Beiträge zur wirtschaftlehre des Landbaues"（柏祐賢訳では「農業経営学の基礎理論」としている）もこの時期に準備されたと思われる．

　1904年ブレスラウ大学教授となって以来アーレボーの大学生活は続く．1906年ゴルツの死去に伴ってその後任としてボンのポツペルドルフの農業専門学校教授，のちにボン大学教授を兼任する．1912年ベルリンの農業専門学校教授となり後にベルリン大学の農政学教授をかねる．1919年ホーヘンハイム農科大学学長，1930年にはベルリン農科大学長となる．Rolfesによれば1922年から1931年のベルリン時代がアーレボーにとって学術的にも社会的にももっとも華やかな活動の時代だったとしているが，1917年の農業経営学汎論（1918, 1919, 1920, 1923改訂），1927年の「ドイツ農業生産に及ぼす大戦の影響」，1928年の「農業政策」などの代表作もベルリンの時代であった．

　Rolfesはこう書いている．チューネン自身はその学説は永く放置されて自身の名声を聞かずして死んだ．アーレボーはチューネンルネッサンスを代表する者として既に早くから同世代の評価を得たことは幸せであったと．早くも1920年代に次々に彼の業績に対して高い評価がチューネン学派の人々からもテーヤ学派の人々からも寄せられる．アーレボーは生れるべくして生れた時代の子であった．

3．シュトルム・ウント・ドラング（Ⅰ）
　　　　―リービッヒと農業経済学―

　(1) 多くのヨーロッパ農業経済学史は，いずれもその力点を19世紀後半から20世紀初頭にかけての時期においている．ゴルツのドイツ農業史もポール（Johann Pohl）の農業経営学史もブリンクマンのドイツ農業経済学史も，さらにまたフラウエンドルファー（Von S. Frauendolfer）の農業経済学思想史も，その論点の中心はこの時期に置かれている．ナウ（J. Nou）のヨーロッパ農業経済史も同様である．それはリービッヒの出現を契機として，それに応える農業経済学新生の苦闘であった[4]．シュトルム・ウント・ドラングの時代とよんで差支えないだろう．ここに二つの流れを見たことは前にもふれた．その一つはテーヤ擁護というか防衛というか，それによって真正面からリービッヒの批判

に応じようとするものであった.

　(2) テーヤが農業経営の目標として,持続的 (nachhaltig) 純収益というとき,その持続的という内容をなすものは重学との関係の配慮であった[5]. この重学による地力の内部循環と維持はテーヤの合理的農業の土台であった. それはまたテーヤの時代における土地利用方式の基本的な原理でもあった.

　リービッヒの出現による重学の否定—輪作の不必要—鉱物質肥料の重視が与えた農業経済へのショックがいかに大きく深かったかは想像が容易である. 具体的にそれはどのようなものであり, 農業経済学はどのような自己解決の方法を探ったか. 以上のドイツ農業経済史を通して, 農業経済学がどのようにリービッヒを理解し, これを越えようとしたかの点から見ておきたい.

　リービッヒの「農業並びに生理学に適用された有機化学」(1840年) と二巻の大著である「植物栄養の化学過程」と「農耕の自然法則」によってリービッヒ無機質理論のエッセンスをゴルツは次のように要約した[6]. 今日リービッヒの主張が必ずしも正確に受け取られていないとする声も聞くが, ゴルツの要約は少なくとも当時の農業経済学側からの受け取り方を代表する.

　(i) 緑葉植物 (grüne Gewachse) の栄養は無機質である. 即ち炭酸ガス, アンモニア, 水, 燐酸, 硫酸, 硅酸, マグネシウム, 加里, 鉄である. 食塩を要求するものも多い.

　(ii) 動物及び人間の糞尿はその有機成分が直接に植物に吸収されるのではない. その腐敗分解の過程で炭酸中の炭素アンモニア中の窒素が移行する結果, 間接的に作用するにすぎない. つまり動植物の一部から成る有機肥料も無機化合物として土にかえり, 地力として働く.

　(iii) 植物の生命活動に関与する土壌, 水, 空気のすべての成分と植物及び動物のそれぞれの成分の間には相互関係がある. しかも無機質が有機的活動を行う動植物体への移行を媒介する全連鎖の一環でも断たれることがあれば, 植物も動物も生存できない.

　(iv) 有機的栄養素はいったん取り去られても, 自然的過程で再び空気中および土にもどって補充されるが無機質は放置すればそのままでは戻らない. 人為的な補充が必要である. 厩肥には無機質類は含まれていない. したがって無機質肥料の施用がない限り結果的に掠奪農業となる. 求むべきは無機質肥料の開発である.

以上のような植物栄養に関するリービッヒの見解はそのまま，リービッヒの農業への新見解として注目を集める．ポールの農業経済史によればテーヤ王朝とよばれたテーヤの最盛期を凌駕するリービッヒ王朝が農学界を君臨したという．リービッヒ自身の農業批判のいくつかをあげる．

一つはいうまでもなく彼の無機質栄養素の主張に根ざす輪作農業への批判であり，輪作による作付の規制と規則性による束縛への批判である．リービッヒはいう．「農業には束縛が残っている．輪作である．耕地には往々無用にして厄介きわまる家畜飼養によって，飼料作物をつくり有機質肥料として販売作物に施用する等の無駄が行なわれている．このため耕地での生産による大量の価値は，労働の面からも貨幣の面からも失われてしまう．」「現代の科学的農業において重要なことは，作物交替の代りに適当な肥料の交代を行うことである．そうなれば連続的に同一の作物を栽培できるし労働は限りなく簡単なものになろう」つまり地力の維持と厩肥からの開放による作付の自由度を同時に実現するには無機質肥料の補充によって可能であり必要であるとしたのである．

二つは掠奪農業批判である．有機質の補給は地力の消耗をいくらか遅らせることはできるとしても，無機質の補給のない限り，やがて消耗しつくされる．その意味では輪作といえども掠奪農業であることに変りはない．ましてドイツの現状では多くの無機質肥料を輸出することによって海外への流出が大きい．とくに燐酸，石炭，加里は厩肥によって補償されずに大量に持ち去られることになる．テーヤの合理的農業はその意味で，地力消耗の速度を速めた．深耕と作物交替によって土壌中の無機質を使いつくすことになるからである．リービッヒには輪作もまた自然の循環の破壊につながることであった．

三つはこうである．以上のリービッヒの農業のあり方への批判は資本主義と行き過ぎた商品生産農業への強い批判がこめられていたことも知らなければならない．とくに輪作の束縛からの自由というリービッヒの見解をもとに作付の自由と商品生産の自由として市場経済を過度に進行させる傾向に対してリービッヒ自身が警戒を示している．資本の論理と利益の追求に走る経済は自然の富の源泉について，とくに土地について殆ど注意を払うこともなく無知であることをリービッヒは警告している[7]．

(3) しかしリービッヒの学説に対し，農業経済学が最も強い反発をしたのは，彼がその化学的見解をもとにして，余りにも経済の領域に立ち入った発言をく

りかえした点にあった．もちろんテーヤの流れをくむ人々は化学者もまきこんで輪作論地力論でもリービッヒに向い合う姿勢を示しはしたが，最も粗雑な経済的誤りをおかした点においてリービッヒは厳しく批判されるべきであるとした．この点でゴルツの農業史もポールの農業経済学史も，ブリンクマンのそれも同様に強い批判を示した．リービッヒが全く通暁しない問題に公に厳然と批判の宣言をしたことは非難をうけて然るべしとゴルツは書いている．

しかし，そうしたリービッヒへの批判が誰をも納得させる正当性があると私は思わない．そうした種類の批判よりも農業経済学が答えなければならないのはこうであった．

一口にいえば，リービッヒの出現は農業経済学にとっていかに農学の体系の中に自身を位置づけるかの再構築を課するものであった．

それは F.G. シュルツェの1864年の有名な論文「テーヤかリービッヒか？」に始まった[8]．この中でシュルツェはテーヤの腐植説と，リービッヒの鉱物質の比較を行い，テーヤは農業者を経験科学の道に導き，リービッヒは投機に導くものと書いている．しかし論文は科学方法論についての哲学的記述が多く晦渋をきわめる．その半面かなり卑俗な表現によるリービッヒへの反論も含まれている．

しかし何よりも重要なことは，農業経済学自身が農学の体系として確たる地位を得ることであった．リービッヒの出現に対するテーヤ擁護派の努力はここに集中する．世に有名なシュルツェの農学体系とよばれるものがこれを代表する．

周知のようにシュルツェ農学は農学を区分して経済学を中心とする一般農学と技術学を中心とする特殊農学の二分野に分けられた．シュルツェは農学は自然科学の系譜と人間の学，即ち意志ある人間の学の系譜がともに農学の発展のために必要であるとしている．しかしシュルツェの一般農学としての経済問題とは収益を求める個別経済主体の理論よりは農業を社会経済的に把えようとするマクロの問題であった．シュルツェは農業の持つ社会的思想と役割りを農学の中に位置づけ，リービッヒと対抗したかったようである．シュルツェの農学体系によれば，一般農学とは農業の国民経済学であって，この結果シュルツェ農学全体は国民経済の中に押しこめられる形となった[9]．

しかしシュルツェがいかに一般農学と特殊農学を区分してみようとも，農業

の求むべき「経済的純収益」と「重学」との二律性は少しもこうした形だけの整理では解決されない．農学としての一貫性もない．シュルツェ農学体系の主張は，かえってそれ自身の中から新しい農業経済学を求める動きを生ずることになる．それは農業経済学の農政学と農業経営学への二つの分化の促進を結果したと言っていい．時あたかも歴史学派経済学の活動の時期であり，ロッシャー，シェモラー，ブレンターノ等の国民経済としての農業問題が取り上げられ始めた時期でもあった．シュルツェ農業経済学はこれらと結びついて農政学への新しい道を開くことになる．もう一つは近代農業経営学の形成への道であった．それは主体的な個別経済組織の構造と管理を取り扱うものであるが，それはリービッヒへの対抗というより，リービッヒによる重学からの解放を契機として，自由な作付による商品生産経済にむかっての個別経済学を指向するものであった．チューネンルネッサンスはかくしてチューネンへの回帰する市場経済としての農業経営学の形成へとつながる．

　ゴルツ（Theoder Von der Goltz）（1836〜1905）という人物について一言付言する．ゴルツはシュルツェの直弟子であるが，シュルツェ農学が上述したように二つの分野に分化しようとした時期に活躍したドイツの農学界の巨峰であった．従って彼はテーヤの流れをくみ，重学の意義を説いてリービッヒとは反対の意見を持っていたが，ブレンターノやシュモラー等の歴史学派経済学の中で，国民経済学としての農業問題としての新しい農政学者であった．然し同時にゴルツは新しい近代農業経営学の出発点に立つ人物でもあった．彼もまた，純収益と重学の論理的亀裂を訴えつづけた．チューネンルネッサンスに参加した人々，クレーマー，フューリンク，ポールその他が注目したのもこの点であった．主体的かつ市場経済的経営学はかくて生れた．

　日本の明治大正期の農業問題研究者は多くゴルツの弟子である．河上肇，柳田国男，横井時敬，伊藤清蔵等々．それぞれゴルツに別々の面を学んだものと思われる．そしてアーレボーはゴルツの最も重要な後継者であった．

4. シュトルム・ウント・ドラング（II）
―チューネンルネッサンスと農業経営学―

　(1) チューネンへの回帰もまたリービッヒが与えた農業経済学へのショックと苦悩から生れた．アンドレーはアーレボー生誕百年記念著作集の中でドイツ農業経営学の発展の時代区分を行っている[10]．アンドレーによれば，チューネンルネッサンスは20世紀初頭の30年間としているが，フラウェンドルファーは20世紀初頭をこのように呼んだ．おそらくは1906年から始まる「チューネン・アルチーフ」の編集開始との関連からであろう．フラウェンドルファーはこの時代を代表するものとして，アーレボーとワルテルシュトラットをあげている．しかしその以前の19世紀末からゴルツ以降，新しい農業経営の確立にむかって，私経済学としての体系化への激しい流れを経験した．クラフト，フューリンク，アウ，ゼッテガスト，クレーマ等々広い意味でチューネンルネッサンスの人脈に含められる．市場経済に関連して Landwirtschaftliche Betriebslehre ないし Betriebslehre des Landbaues 等々と名付けられる著作が次々にあらわれたのもこの時期であった[11]．

　ベトリープスレーレ即ち近代経営学の指向は一つはシュルツェ農学に於ける一般農学への批判と分化であった．この点は既に述べた通りであるが，19世紀末の経済恐慌による農産物価格の下落と労賃の騰貴がその大きな契機をつくった．北アメリカ等の新興国からヨーロッパ大陸に安価な農産物が交通手段の発達とともに流れ込んだ．これにもとずく農業不況はこれまでのリービッヒの影響のもとで自然科学応用の一方的偏向を許すような状況とは全く違うものとなった．好況時の生産技術対応では処理しきれない経済的対応が収益の安定確保のために必要であり，経営としての確立が迫られた．エーレンベルグらによるチューネン・アルチーフの編集はこの不況を契機としている[12]．

　(2) チューネン学派の主眼は農業経営学を農耕の学として把えるよりも，二つの点でこれと違うところがあった．一つは市場経済による価格との対応において経営組織の合理性を判断基準にする点であり，二つは主体的意志体としての私経済の体系化を計ろうとしたことであった．それによって Boden Statik（地力均衡）とよばれる重学と収益性の二律性というこれまでの苦悩から脱出

を計ろうとするねらいが見られる．

　ここではアーレボーに深い影響を与えたと思われるJ.フューリンクをチューネン学派の代表としてあげ，その理論構成のエッセンスをみておきたい．既にフューリンク（J. Fuhling）については「アーレボーの前夜」と題する拙稿があるので詳細はそれに委ねるが[13]，彼の主著にはチューネンへの傾斜がよく現われている（Ökomik der Landwirtschaft oder Landwirtschatlichen Betrieb (1876) 改訂1889）．

　フューリンクはこの中で尊敬に値するのはチューネン唯一人としているが，彼の体系はいわばビジネスエコノミクスの内容そのものであり農業経営学をこのような形で純粋な私経済体として取り扱おうとした．

　フューリンクの経営としての考え方が私経済学であるという点をいくつかあげよう．

　(i) 農業者自身の個性の尊重であり個人権利の重視である．フューリンクはこれを農民の正当なエゴイズムとよんでいる（berêchtiger Egoismus）．それは，(a) 強固な克己心，(b) 忍耐，思慮，決断力，(c) 才能とくに組織的才能，(d) 周囲との強調，(e) 肉体的強健，(f) 秩序，規則への愛好，(g) 農業生活への意欲と愛情．

　(ii) フューリンクの前述の主著の序章は名づけて「農業的営利及びその経済的本質と意義」としているが，この中で，農業経済学を農業の私経済学（Landw Privatwirtschaftlehre）として位置づけようとその意図を表明している．フューリンクの求める純収益はテーヤのそれと違って，資本利子や地代をも差引いた企業利潤を意味した（テーヤの場合は資本利子も地代も純利益の中に含まれる）．クラフトもフューリンクを受けついでいる．

　(iii) フューリンクは殆ど輪作の規則性にもとづく cropping system を否定し，市場性にもとづく許容度の大きい作付順序を考えた．従来のテーヤ式考え方の順序によれば，まず土地の条件に従って，いかなる cropping system が採用されるべきかがきまる．その中で，飼料作付面積の比率が与えられる．家畜の保有頭数が与えられたものであるとすれば，それに応じて飼料作付面積がおのずから決る．これが決るのに応じて cropping system としての全体規模がきまる．ここでは家畜は必要悪として取扱われてきた．

　しかしフューリンクの場合に cropping system の拘束性，固定性はない．

リービッヒの説はここでは市場経済としての対応の自由として，家畜も cropping system とは無関係なものとして理解されている．cropping system を決定するものは経済性と市場であって，作目の組み合せの自由を説くチューネンの自由式農業がフューリンクの論拠となった．

(iv) フューリンクの土地自身に対する理解を知るために彼の地代の認識を明確にしたい．フューリンクには土地のもつ自然力といった考えは殆どない．彼の地代の把え方はすべて土地に投下した資本利子であった．フューリンクは生産の三要素である土地，労働，資本を否認して労働の資本の二つであるとした．

フューリンクの地代の考え方はリカルドの所説に異をとなえたアメリカの経済学者ヘンリーケアリー (Henry. C. Carey 1793－1879) の影響が大きい．ケアリーはその著「社会科学原理」(Principle of Social Science) 三巻によって，リカルドの地代論に批判を加えたというよりも地代そのものを否認しようとした人物であり，マルクスの「剰余価値学説史」などにしばしば散見する．フューリンクの活躍時代にケアリーの名はすでに周知のところであって，ヨーロッパではケアリーの影響は大きいものがあった．

ケアリーの名がリカルドと対比されるのは，リカルドが人口の増大とともに土地の耕作が優等地から劣等地に拡大されていくことを前提としたのに対し，これは歴史的事実に反するとして，耕作は劣等地に始まり優等地に至ると説いたことでよく知られている．

だが問題はケアリーの優等地の定義である．しかしもともとケアリーには自然の生産力としての土地の認識はない．チューネンに学びながらケアリーには土地自身とか本源的不可滅的な土壌の力等の認識はない．優等地とは土地に加えられた資本の増投と蓄積の程度のことであって，土地に加えられた改良資本こそ優等地を優等地たらしめるものであった．ケアリーはリカルドのオリジナルな力という概念を排し，資本におきかえた．耕作は「劣等地から」というのはそうした意味からである．フューリンクによれば彼にとっても土地は資本そのものであった．従来の土地概念のこだわりは全くない．この考え方はフューリンクからチューネンルネッサンスの人々の共通の認識として拡っていく．そしてアーレボーも大きくはまたこの流れの中心にあった．テーヤ以来の土地への執着はここに至って断ちきられることになる．チューネン学派農業経営学は

土地の本質に迫ることを止めながら私経済学としての体系化に進んだのである．

　以上のようにアーレボーは多くの人物を輩出した農業経営隆盛期であるチューネンルネッサンスの旗手であったし，その最も若い時代に属した．彼には市場経済への指向がはっきりしており，個別経済学としての体系化の意志もはっきりしている．アーレボーには，かつて何々式とよばれていた農業組織（Landwirtschaft System）ないし農業経営方式に代って，価格によって適時変りうる農業経営組織（Betriebs Organization）が中心に座した．テーヤ以来の農業重学の思想はすでに無い．

　しかし，同じくチューネンルネッサンスの流れにあったとはいえ，アーレボーは上述したフューリンク等とは異なる特色をもっていた．フューリンクは農業経営学をもって，土地を切り離して資本に代置し，価格に対応する内部管理組織とした．しかしアーレボーには個の観察において単に個を分離して観察する方法だけではその合理性の判断は短期的でしかありえず，地理的および歴史段階的比較研究が相伴うべきことを強調している．アンドレーは「個別経営観察方法の超克」（Die Ukerwindung der einzelbetrieblichen Betrachtungweise）はチューネンルネッサンスの次の時代の課題であったとして，アーレボーやブリンクマンの名をあげているが[14]，ここに個を個の限りで完結的に把えず，立地論，地域研究，地域計画という「周囲の社会と個」の観察の強調がある．アーレボーにとって個とは社会というそれぞれの歴史段階において生きる個であった[15]．

　この「個別経営観察方法の超克」などをみるとアーレボーもチューネン学派とよばれながらテーヤからゴルツに流れる学派の一人でもあることがわかる．アーレボーは個別経済としての農業経営の認識はつよかったが，個を個の限りでみる私経済だけでは満足しなかったようである．彼の関心は社会の中に生きる個であった．アーレボーもチューネンの子でありながらテーヤの子でもあったというのはこの点である．アーレボーの直接の師であるゴルツはチューネンに殆ど興味を示さなかった．アーレボーはゴルツを通じ歴史学派経済学の流れに深い関心を持ったし，シュルツェの一般農学の中に示された国民経済学としての農学にも接してきた．チューネン学派の中で培れた収益追求の体系を追いながら，アーレボーはつねに，短期と長期，個と地域，個と政策等が問われる

のも，社会との自己調整，外部条件の自己への取り込みによる内部化等の問題が個の問題であるからであった．アーレボーの経営学を現代の農業経営学者であるアンドレー（B. Andreae）もブローム（G. Blohm）もヴールマン（E. Woermann）もすべてダイナミックだという．理由はこの点にある．

5．アーレボーの学説の体系と特色

　アンドレーはアーレボー学説の特色を，① 有機体説，② 個別経営観察の超克，③ 立地論，④ 進化論，⑤ 体系的整理の原則の五つをあげた[16]．ナウ（Nou）は前述のヨーロッパ農業経済史でアーレボーの特色に関して有機体論，発展論，調整論の三つをあげた[17]．両者とも眼のつけどころは一致している．諸論をふまえながら私自身は次の三点をあげたい．一つは有機体説と管理論である．二つは経営成長論である．そして三つは政策論である．

I 有機体論と市場経済―農業経営組織―集約度論，調整論―

　(1) 農業経営を有機体としてどう把えるかはもちろんアーレボーに始まったわけではない．ベトリープス（経営）とは，組織体のことを意味する．アーレボー自身の有機体の考え方はしかし初期と後期では変化がある．アーレボーも初期はテーヤ以来の物質内部循環という生産技術上の生物生産機能とその組織のことを有機体といった．後になってアーレボーは有機体の説明として生物の各機管と全生体の血液の流れにたとえたが，アーレボーにとって重要なことは，この血液の流れとは価値，つまり貨幣であった．アーレボーにとって有機体とは収益体としての結合であった．物質的内部循環そのものではなく，各部門の結合如何は価値，即ち価格によって変化するものであった．それは別の表現をするなら従来の要素論的分析から経営管理論への糸口を開いたことになる．

　(2) 農業経営組織（Betriebs Organization）という概念はアーレボーにとって特別のものがあった．それは三圃式農業とか輪栽式農業等とよばれ作目の結合構成を示す農業組織（Landwirtschaft System）なり経営方式とは違って，価格関係に対応して最高の収益をあげる自在な部門結合の組織を指すものであった．適正な経営組織は価格によって随時変化する．農業経営は部門の相互の結合を必要とするが，その結合比率の決定者は価格であるとアーレボーはした．

　(3) 集約度ということは，土地なり機械施設等の固定資本の利用度のことで

ある．つまり操業度のことである．農業経営も一定の与えられた土地面積なり，資本装備（規模）の適正利用度を求めて，つまり適正集約度を求めてその合理化を計る．

しかし土地の適正利用度といっても初期は単位面積に対し，投入した肥料その他の物財費や投入労働量等の物量で把えた．そこに技術的な意味での合理性の基準を考えたからである．アーレボー自身も初期はそうしている．しかし後に投入量はすべて価値での表示に変る．つまり生産要素と生産物の相対価格関係の中で適正な集約度も決定されることになる．集約度がこのように相対的な価格関係で変る以上，それを具顕化する経営組織も変化する．いいかえればアーレボーにとって有機体，経営組織，集約度は一体であった．

（4）ブリンクマンはアーレボーの有機説に対して賛意と同時に疑義を示した．作目，作物の結合のあり方を価値，価格に一元化してアーレボーが示すことへの疑義である．周知のように，ブリンクマンは農業経営の部門結合についてその統合力，分化力を説いて土地利用体の今日の複合化論に土台を与えた．ブリンクマンの場合単なる価値関係をこえた生物本来の有機的結合関係が含まれている．

しかしアーレボーには農業経営組織のかたちも国民経済の進展の中でそれに沿いながら変化するものという強い意識があった[18]．アーレボーは将来にむかって統合力よりも分化力がより強力になるであろうことを予想している．そして将来の農業経営はある作目への特化傾向を示すことになるであろうと示唆している．統合力とは多面的な経営組織への強制力であるが，経営内部からの要求として作用するのに対し，分化力の発生の源は大抵の場合，経営の外部に存在するものであって，それは主として国民経済の中にあるとアーレボーはいう．アーレボーはもちろん単純に単作化の将来方向を示すものでないが，彼の有機体論はそれまでの拘束的な作目結合から著しく解放的であることに特色がある．

（5）アーレボーの調整論をアンドレーもナウも彼の体系の特色としてあげた．アーレボーは「経営問題とはプロセスである」という．例えば長期費用曲線は規模の変化に伴うそれぞれの最低費用点を結んだものに他ならないが，プロセスとしての経営問題というのは一定の規模からより大きな規模に移った時に，その最低費用点の実現に達するまでに発生する問題を問うことである．つ

まりそれは一定の規模のもとで最低費用を実現するところの最適集約度の実現のために，いかに多くの経営問題が介在するかということであった．

　長期的視点にたつ経済学はそれぞれの規模の下での適正集約度の実現を当然の前提としており，その実現のためにどのような短期的問題を生ずるかを軽視する．実はそこに本来の経営管理の問題が存在する．アーレボーが経営問題とはプロセスだとよぶ理由である．適正集約度を求めるには生産物と投入財の相対価格の変化によらなければならない．絶えざる調整が必要となる．アーレボーはこの調整を zuschneiden とよんだ．それは一定の規模内での適正集約度のための短期的調整であると同時に，短期と長期の対応のための調整つまり規模調整でもあった．

　(6) アーレボーは経営分析にとって生産費の有効性に消極的であった．有機体としての農業経営の分析にあたって，個別作物にとってはもちろん個別部門にとってもその生産費計算はきわめて狭い範囲での合理性の判定にしか役立たないとアーレボーは指摘している．この事はフォーサー（I. Farser）がアーレボーは生産費計算を好まず，生産費による方法はアーレボーにとって農業経営分析には非常に不満足かつ不適切であったと指摘していることと同じである[19]．アーレボーは甜菜耕作を例示しながら「甜菜が与える他のすべての結合する経営部門に与える間接的な影響は甜菜生産費の数値によっては殆ど理解することができない」としている．

　とくに中部ヨーロッパのように，農業経営組織を編成する部門が相互につよい結合性をもっているような場合，各部門の生産費はそれぞれ部門別に計算されるべきものではない．そうではなくて経営全体の結合された全コスト（Gemein Kosten）の各部門の配分として，また経営の内部寄与の評価によって初めて生産費は経営分析上の意味をもつ．アーレボーが生産費を余り評価しなかったのはアーレボーの有機体論がその根拠であることは言うまでもないが，それは固定装備及び結合費用を各部門へそれぞれ費用として配分しようとするなら，経営が有機体である以上恣意的になるのが当然だというわけになる．

　アーレボーのこうした生産費の有効性を狭く限定する考え方のもう一つの根拠は無市価物の評価に対する大きな疑問であった．ブリンクマンのドイツ農業経済史ではいかに無駄な，かつ多大な努力が厩肥その他の無市価物の評価のために使われてきたのかを嘆き，それとの訣別をのべているが，この点はアーレ

ボーもまた同じであった[20]．生産費計算はこうした無市価物の評価がされなければ意味はないし，またそれぞれの結合生産物に寄与する機能も判っていなければ不可能である．アーレボーは市場価格対応の経営組織の主張者であったが，生産費や無市価物の評価に対しては消極的であった．

II 農業経営成長論―個と地域―

(1) アーレボーは，しかし個の主体性をつらぬくためには内部管理問題に限らずその先にまで眼をむける必要を思っていた．それは個別経済をとりまく経済外囲との関係の中で個の主体をいかに維持するかということであった．アンドレーはアーレボーのこの問題意識を「個別経営観察方法の超克」とよんだことは既にのべたが[21]，それは言ってみれば外部的条件を自分の中に取りこみ内部化する個別経済主体の積極的な努力をいうものである．

アーレボー理論の中心となっている集約度に関連してこの点をみよう．彼は集約度を歴史的な変化と地理条件による相違との二側面から単なる個別経営の観察をこえた考察があった．前者をアーレボーは集約度段階とよび後者を集約度圏とよんだ[22]．アーレボーはこう主張している．同じ地理的条件のもとで（ないし同じ市場的立地条件のもとで）時の流れとともに集約度がどのように変化したかという事実と，同じ時点で地理的条件の違いによる集約度の差がどのように現われるかという事実の比較研究こそ重要であると．そしてアーレボーは農業経営発展の理論を考えるためにはとくに良好な地理的条件の下での歴史的観察の重要さを強調した．

(2) アーレボーは集約度圏に主たる観心を示した．集約度圏はほぼ同じ集約度を保持している，あるいはそれを保持すべき地理的空間である．この空間を通してアーレボーは「個と地域」ないし「個と社会」の相互関連を見ようとする．

一方アーレボーは地代圏という概念をも示している．一定の地代を産出可能とする地域空間である．しかしアーレボーの場合一定の地代産出は一定の集約度に相応しているから，集約度圏と地代圏は事実上一致しているものとして取り扱われている．集約度あるいは地代を通して個別経済と地域の関係をアーレボーはどのように把えようとしたのか．

アーレボーには「地代発生後における中位の農業経営集約度への強制」という論文がある[23]．アーレボーの上述の考え方の内容を知るうえで代表的な論

文だと思われるが，アーレボーは一定の集約度圏にはそれに相応しい平均的な集約度が形成されると考えた．もちろん圏内の個々の農業経営には個々の集約度がある．しかし圏としてもまたその平均的な集約度が基準的に形成される．中位の集約度とはこのことである．この平均的あるいは中位の集約度は圏内の個々の経営の競争の結果の収斂に他ならないが，一旦形成された後には，それが一つの基準を与えることになる．中位の農業経営集約度への強制とはこのことである．個は個で完結しない．個の集った地域は地域特有の性格を形成し，個との間に摩擦を生ずる．個が活動し易いように地域も形成されなければならない．アーレボーの集約度圏はその意味で今日の地域計画論と通ずるものがある．

　アメリカでコーネル大学に代表される土地分級を基礎にした地域計画の理論は上述のアーレボーと全く同じである．例えばニューヨーク州北部という一つの集約圏（地代圏）があるとすれば，そこに平均的な地価が形成されている．この中には個別経営として相対的に劣等地であって，より低い地代しかあげられず，それゆえに低い集約度で我慢しなければならない経営があるとしても，その圏としての平均的地価がそれより高い場合は，もっと高い地代をあげようとして無理な過剰な集約度に走り，結果的に経営は失敗する．反対に同じ集約度圏の中でも相対的に優等地経営の場合は，より高い地代をあげられる力をもちながら，過少な集約度におわり，結果として実現すべき高い地代も実現しないままに終る．つまりアーレボーのいう中位の農業経営集約度の強制に他ならない[24]．アーレボーは地域の中に生きる個別経営をこのように把えた．それは理論的には地代論の農業経営の場面での動態的把握であり，実際面には地域計画論への道を開くものであった．ちなみに，コーネル大学のH.E.コンクリンは地域計画の理論と手法を自からマクロ農業経営学とよんだ．

III 個と国家──その共存へ──

　(1) アーレボーには二つの農業政策の大著がある．一つは1927年の「ドイツ農業生産に対する大戦の影響」[25]であり，もう一つは1928年の「農業政策」[26]である．しかしこの二著とも一般の農業政策の著作とは著しく趣を異にしており，農業経営の視点から個別主体の発展の論理に従ってそれを促進すべき政策体系を論述している．農業経営政策とよんでいい．

　「大戦の影響」においてアーレボーの強調する点はこうであった．それは一

口にいえば価格政策への重要な提言を含むものであった．ドイツ農業経営を構成する食料部門と家畜部門の結合である複合の形態は一種の迂回生産として合理的輪作を継続してきたが，次第に海外貿易に支えられる傾向を増大させていた．とくに畜産の穀物飼料の輸入は合理的輪作を可能にする条件とさえなり始めていた．大戦はこの条件を根本からくつがえした．食料は逼迫し，輸入穀物に依存した畜産とくに養豚は危機に瀕した．かくて養豚の主要な食料である馬れい薯は人間にまわる．アーレボーはこう述懐している．「ドイツ戦時中の食糧経済は消費者の立場にたって農業者から家畜飼料を奪おうとする政府の政策と，違法まで行って農業を守ろうとする農業者との対立抗争に終始した」と．

ドイツ政府は最高価格の公定をきめる手段をとった．しかしそれは作物別，商品別ごとの価格体系であって，作物相互の有機的生産に注意を払うことなくそれぞれの商品価格が孤立的に公定化され農業経営維持のための全体的価格にはなっていなかった．破綻を生ずるのは当然であった．アーレボーの主張は農業経営の有機体にならった総合価格政策の必要であった．大戦の経験が教えたものは，農業生産において強い結合をもつ耕種と畜産が互に競合し，共に敗退したことであった．

総合価格政策がナチスの当初ドイツで採用されたことはこの耕種と畜産の同時価格決定を意図したものであった．そのために消費の重要度から耕種と畜産との間に一定の価格の比をもうけて（アウスグライッヒ）統制を計るものであるが，単なる個別生産費主義とは違って，経営という全体とのつながりを重視する上に注目すべきことである[27]．

（2）アーレボーの「農業政策」には一層はっきりと彼の農業の思想が述べられている．彼には自由な個，創意ある個の存在と維持こそが一国の農業の基礎であり活力であるという信念があった．本書の序文にあるようにそのために必要なことは為政者もまず「経営」の論理を充分に理解し，その上で政策的な具体化を計ることであるとしている．「農業政策」では農政者のために十分な理解が必要な経営理論とは，経営有機体，経営組織，集約度理論がその基礎であると説いている．そして具体的な政策的課題としては価格政策，労働及労賃政策，教育政策さらに関税政策が個の発展策としてあげられている．アーレボーにとって農政学の課題とは適正集約度の実現を計りうる条件の形成にあたったということができよう．

その基本の一つは生産物と投入財との間の価格調整であった．この「農政学」にも集約度理論に多くのページがさかれている．彼は自由経済の信奉者であって，農産物といえども価格保護に走ることをきらった．しかし適正な経営組織，適正な集約度のための価格誘導は頭にあって，そのための総合価格政策の必要をうたっている．

アーレボーが特に注意をむけたのは土地価格と労賃であった．アーレボーはユンカーの大経営にも世襲農場にも批判的であった．また労働手段の発達は分業や協業を促し雇用労働者の地位も確たるものになるだろうし，労働生産性が向上することによって労賃の向上も必須のものとなるだろう．アーレボーにはゴルツ等に見られた社会政策的な見解は少ない．

アーレボーには企業者（Unternehmer）としての農業者の育成を理想とする考えがあった．人的資本の重要性を指摘してアーレボーは所有や物的資本よりは肉体的精神的資本をもとに人生を闘う個々の人間の重要さを強調している[28]．国民経済としての農業もその核は経営者としての農民に他ならぬとアーレボーは一貫して強調している．アーレボーの農政学に教育問題が重要な地位をもつのはそのためである．知識，能力，活動力そしてそれらのすべてを含む創造的才覚の人をアーレボーは信じたようである．

関税政策についても「国際分業を妨げることは国民の相対的貧困を意味する」としてこうした障壁をもうけることに反対している．アーレボーにとってはすべてに亘って個の充実と経営者の能力が生きる時代の到来を信ずる意志がうかがえる．

6．おわりに

（1）最後に現代の農業経済学者はアーレボーの仕事をどのように評価し，どのように批判しているかを観て，しめくくりとしたい．三つの論文をあげる．

一つは前述のアンドレーのアーレボーの生誕百年の回想論文である[29]．そこでアンドレーは農業の経営方式についてアーレボーの理解には弱いところがあり，彼の関心は専ら価格に対応する農業経営組織や集約度にありすぎたと批判している．生産力観点よりは営利収益的観点のみが表に出すぎているという批判である．

二つは"Agrarwirtschaft"誌に掲載されたクールマンのアーレボー没後50年

の記念論文である[30]．この論文はアーレボーの「最適集約度理論」とリービッヒの「最小律」の法則が現実に一致しないことから，短期的，長期的分析による斉合性と非斉合性が論じられている．これはアンドレーと同様に生産性と収益性との関連性の関心でもあって，リービッヒに刺激をうけ，かえってその挑戦を回避した市場主義のチューネンルネッサンスと農学との修復を試みるものであった．

三つはシュミットのやはり没後50年記念の"Berichte über Landwirtschaft"誌の論文である[31]．「農業政策」の中でアーレボーは企業者，経営者としての農民の形成を強調したが，それは市場経済合理主義に流れすぎたものとして，シュミットは生活的な一般農民の存在と家族経営の再評価がなくては現在の農業問題は解決できず，農業経営の視点と農民の生活視点の重視を訴えている．

この三つの論文に共通しているのはチューネン学派の市場経済回帰への再批判であるが，アーレボー自身，こうしたチューネン学派の流れに対してその不充分さを気付いていた．だからこそアーレボーは彼なりの方法で地代圏なり集約度圏という地域の中での個をみようとしたのである．

(2) 今日の農業は多面にわたってその苦悩は大きい．その最大の問題は持続性にある．そして農業経済学はこれを生産力の維持増進と収益との斉合性の問題として把え，苦闘をつづけた．農業経済学はこの二元的なものの間に，ある場合は純粋に国民経済に指向し，ある場合は市場経済としての私経済を指向した[32]．この間の苦闘と苦悩は今日充分に噛みしめる必要があるが，それは農業経済学の近代史を分析するに如くはない．

(3) アーレボーはこの疾風怒濤の終りの時代を代表する．アーレボーもこの私的収益と生産力という二律性の問題に悩んだ．しかしそれは個別経営が主体性を確立し主体的な自己調整の機能に期待する以外にないとアーレボーは考えた．アーレボーはチューネン学派に属しながら，この点を強く意識していた．アーレボーが外部与件の内部化を強調して選択の自由度を拡げる必要を説いたり，地域の中に生きる個の機能に注目したり，個からみた農業政策を論ずるのもすべて個の主体的調整能力への着目であった．

もちろん今日の持続的農業なり環境問題は多面的な接近を要する．だが農業の活力と持続性のための正道はこの主体的な自己調整能力にある．アーレボーの特筆すべき特徴は自己調整（zuschneiden）機能への着目であった．

そしてその裏づけとなる思想は彼の口ぐせであったといわれる「自由はおのずから来る」(Freiheit selbst kommt)という保護主義, 規制主義への批判であった. ナチスの時代, 個の主体性を説く農業経営学は非常な迫害の中にあった. 敢然と抵抗したアーレボーの信念の根拠はここにあった[33]).

注

1) 金沢夏樹,「フリードリッヒ, アーレボーと現代農業経営学」農業経営研究 No.71, 1992, 日本農業経営学会.
2) Max Rolfes "Friedrich Aereboe als Mensch und Lehrer" A Hanau, M. Rolfes, H. Wilbrandt, E. Woermann 共編 "Friedrich Aereboe, Würdigung und Auswahl aus seinen Werken aus Anlass der Wiederkehr seines Geburtstages" Verlag Paul Parey 1965.
3) ゴルツ,「ドイツ農業史」山岡亮一訳, 有斐閣, 昭13.
4) 代表的なドイツ農業経済学史をあげると.
 (i) T.F. Von der Goltz "Geschichte der Deutschen Landwirtschaft" Stutgart und Berlin 1903.
 (ii) Johann Pohl " Landwirtschaftliche Betriebslehre " Leipzig. J.M Gobhardts Verlag 1885.
  この第1節に "Geschichte und Literatur der Landwirtschaftlicher Betriebslehre" がある.
 (iii) Von S. Frauendorfer "Ideengeschichte der Agrarwirtschaft und Agrarpolitik" Band Ⅰ 1957.
 (iv) H. Haushofer "Ideengeschichte der Agrarwirtschaft und Agrarpolitik" Band Ⅱ 1958.
 (v) Joosep Nou "Studies in the Development of Agricultural Economics in Europe" Uppsala 1967.
 (vi) ブリンクマン, 大槻正男訳「農業経営経済学」の末尾の「ドイツ農業経済学史」.
 (vii) 伊藤清蔵「農業経営学」序章の農業経済学史は主として (ii) にあげた Pohl によっていると自から記している.
5) 農業重学 (die Statik des Landbaues) とはゴルツのドイツ農業史によれば「重学とはその表現は物理学から借用されたものであり諸力の均衡の学説であって農業重学とは収入と生産力的土地支出との均衡を論ずるものである」としている.
6) ゴルツ農業史前掲書
  なおリービッヒの「農業及び生理学に適用された有機化学」の序章及び第2章は次の訳書がある. 吉田武彦訳「農耕と歴史, 国民経済と農業」農林技術出版社, 昭51.
7) 椎名重明「農学の思想―リービッヒとマルクス―」東大出版会, 1976.

8) Friedrich Gottlob Schultze, "Thaer oder Libig？"—Versuch einer Wissenschaftlichen Prufung der Ackerbautheorie des Herren Freiherren Von Liebig, besonders desser Mineraldünger betreffend—Jena 1846.
9) ゴルツ「農業史」前掲書には，シュルツェ農学の詳細な解説がみられる．p. 318 – 332.
10) B. Andreae " Der Beiträge Friedrich Aereboe zur betriebswissenschaftlichen Erkentnis Theorie" アーレボー生誕百年記念前掲書，1965.
11) チューネンルネッサンス期の Betriebslehre の開花期の人々の主たるものをあげるとアーレボー以外にワルツ（Guster von Waltz, 1867），ゲリッツ（Göriz, W., 1853），フューリンク（J. Fühling, 1876），コーメルス（A. F. Komers, 1876），ゴルツ（Von der Goltz, 1886），クラフト（G. Kraft, 1920），ポール（J. Pohl, 1885）ゼッテガスト（H. Settegast, 1904），ワーテルストラット（F. Waterstradt, 1912）.
12) 1906年エーレンベルグ（Richard Ehrenberg）を責任編集者として第1巻が出版され9巻まで続いた．ラウル，パッソーさらにワルテルシュトラット等の協力によって農業経営学に関する重要な論文が掲載された．チューネンアルチーフはチューネンの比較研究手法に注目することをこの出版の目的とすることをのべているが，この編集が農業経営学者と歴史学派経済学者との間で進んだことはアーレボーにとっても幸であった．アーレボーも初期の論文をチューネン，アルチーフに掲載している．"Ursachen und Formen wechselnder Betriebsintensitat in der Landwirtschaft" 第2巻所収．1909.
13) 金沢夏樹，"チューネンルネッサンスとアーレボーの前夜，―J.フューリンクについて―"工藤元教授退官記念論文，明文堂，1978.
14) アンドレー，アーレボー生誕百年記念論文集，前掲論文．
15) E. Wöermann " Eingeleitet mit einem Blick über die Entwicklung der landw, Betriebslehre von ihren Anfängen bis zu Friedrich Aereboe" "Wirtschrftlehre des Landwirtschaft"チューネン学派におけるアーレボーの位置づけに優れた見解がみられる．
16) アンドレー前掲論文．
17) ナウ，前掲論文．
18) アーレボーの有機体説，経営組織についての特色は言うまでもなく「農業経営学汎論」にみられる．（Allgemeine Landw Betriebslehre）とくに第3章はその中心部をなす．
19) Fauser I "German Approach to Farm Economics Investigation" Journal of Farm Economics, 1926. 本論文について磯辺秀俊の紹介がある．農業経済研究3巻2号．
20) ブリンクマン，「ドイツ農業経済学史」大槻正男訳．
21) アンドレー前掲論文．
22) Aereboe "Beiträge zur Wirtschaftlehre des Landbaues, 1906, 以下とくに第2章 (a)

第3章 F.アーレボーと現代

Die Entstehung der sozialen Produktionsweise und der wirtschaftlichen Lage der Landgüter, (b) Die Entstehung der Privatwirtchaftlichen Werts von Grund und Boden und die Grundrente, 柏祐賢訳「農業経営学の基礎理論」西ヶ原刊行会, 昭15.

23) "Der Zwang zur mittleren Betriebsintensität nach Entstehung der Grundrente" アーレボー "Beitrage". この「中位の経営集約度への強制」に関連する集約度圏とその内部個々の集約度の相互関係の考え方は, コーネル大学のコンクリン (E. Conklin) の土地分級と地域計画の考え方に酷似することに一驚する.

24) 金沢夏樹編,「経済的土地分級の研究」, 東大出版会, 昭48.

25) Aereboe "Der Einfluss des Krieges auf die landwirtschaftliche Produktion in Deutschland" Deutsche Verlags Anstalt, 1927.
二つの訳書がある.
 (a) 沢田収二郎, 佐藤洋訳 "世界大戦下のドイツ農業生産" 多摩書房, 昭16.
 (b) 東畑精一, 篠原泰三訳「ドイツ農業生産に対する大戦の影響」「時局と農村」②, 日本学術振興会, 第21小委員会報告, 有斐閣, 昭13.

26) Aereboe "Agrarpolitik" 1928. Paul Parey Berlin.

27) 磯辺秀俊 "ナチス農業の建設過程".

28) Aereboe "Agrarpolitik" 29ページ.

29) アンドレーのアーレボー批判に関しては金沢夏樹,「アーレボーの位置」, 金沢夏樹編「農業経営学の体系」, 地球社, 昭54年.

30) Friedrich Kuhlmann "Zum 50 Todestag von Friedrich Aereboe : Einige Gedanken zur seiner Intensitätlehre" Agrarwirtschaft 1992, 8/9月号.

31) Günster Schmitt, "Institution, Rationalität und Landwirtschaft : Die Erinnerung an Friedrich Aereboe anläszhich seines Todes von fünfzig Jahren Gewidmet", Berichte über Landwirtschaft 1992, 3月号.

32) H. Niehaus "Friedrich Aereboe als Agrarpolitiker, アーレボー生誕百年記念論文, 1965.

33) (i) 磯辺秀俊,「農業経営学50年」, 富民協会, 昭53.
 (ii) Rolfes "Friedrich Aereboe als Mensch und Lehrer". 前掲アーレボー生誕百年記念論文, 1965.

付　論
―ドイツ初期農学体系におけるシュルツエとゴルツ―

　今日，日本の農業の急激な変化にともない，大学における農学教育のあり方，農学部のあり方などが，関係者のみならず多くの人々の関心をよんでいるようである．周知のように，明治の大学草創期の日本の農業教育の骨ぐみはドイツのそれを強く摂取したものだといわれる．たしかにドイツの農学教育の思想が，日本の農学教育体制だけではなく，日本の農学そのものの発展の道程にさえ，かなりの影響を与えていると実感的にも了解することが多い．

　それならドイツ農学教育の基本的な思想とは何かと問われれば，勿論明確に答えることは難かしいが，何かそれらしいものを感得することはできる．

　明治期の日本の農学ならびに農業経済学に大きな影響を与えた人物はまずドイツのフォン・デヤ・ゴルツ（T. F. Von der Goltz, 1836〜1905）であろう．ここでは農学全般にかわって，私の専門である農業経済学を代表させることを許されたい．当時のドイツ農業経済学は大学教育における農学の中心的支柱であったから，これを以って代表することもこの際大きな差支えはないと思う．

　ゴルツの名は農業経済学畑の人々には勿論のこと，一般経済学の分野でも広く知られていると思うが，19世紀後半のドイツ農学界を牛耳った大立物である．そして我が国の明治期のいわば輸入期には農業経済学研究者はその殆んどがゴルツの弟子であり，あるいはゴルツをその入口にしている．つまり日本の明治初期の農業経済学はすべてこれゴルツを出発点としていたということができる．

　当時の我が国の代表的な農業経済学者といえば横井時敬，伊藤清蔵，渡辺朔，佐藤昌介，高岡熊雄，新渡戸稲造，そして河上肇，柳田国男等の名をあげることができる．いずれも錚々たる論壇の雄であるが，そのほとんどがゴルツを入口としており，すべてゴルツの直接間接の弟子であるといっていい．もちろんある者はゴルツに心酔し，その忠実な祖述者であり，あるものはその改訂をこころみ，さらにある者はこれに反発さえした．だがいずれもつよくゴルツを念頭においたことは事実であって，その意味ですべてゴルツの弟子達といえる

し，この弟子達によって我が国初期の農業経済学の土台がつくられたのである．

だが私が面白くも思い，不思議にも思うのは，ゴルツ自身いかにすぐれた人物であれ，衆人こぞってこの一人物の門下に集まり，この一人物を問題にしたのはなぜかということである．

政治などの社会でのできごとならともかく，学問の社会のなかで，なぜこのようなことがおこるのか．なるほどゴルツは，農業経営学，農政学，農業史等にひろくわたって立派な業績がある．だがそれぞれの学問分野についてはゴルツに決して劣らない学者がいなかったわけではない．ではなぜ殆んどの農業経済学者が翕然としてゴルツの下にあつまり，あるいはゴルツをドイツ農業経済学研究の入口としなければならなかったのか．

私が何かドイツの農業経済学の性格や大学の農業教育の考え方の特色などをぼんやりながら意識し始めたのは，このような日本の農業経済学者のゴルツ一点ばりに気づいた時であった．

それは一体何故であろうか．ゴルツ自身の偉大さか．それとも日本の研究者の態度の問題か．もちろんそれらも問題であろう．だが，私はドイツの農学教育の体質のようなものがもっと強い要因ではなかったかという気がする．それは一口にいって表現はあまり適切ではないが，その「官学的」性格にあるのではないかと思っている．

われわれはドイツ農学ならびに農業経済学の祖としししてアルブレヒト・テーヤの名をあげるのが一般である．

テーヤの功績はここに紹介するまでもなく，余りにも有名であり，スタイン・ハンデンベルグの農地改革の推進者としてもドイツ農学ならびに農業への貢献は非常なものがあった．そしてテーヤの学問的継承者として，「孤立国」の著者として有名なフォン・チューネンの名をあげるのがごく一般のようである．さらには同じくテーヤを師とし，チューネンの兄弟弟子である実際家のコッペやシュヴェルツの名をあげるのが普通である．だが私のみたところ，その学問的価値は別として，少くとも大学における農学教育，研究の流れという視点ではゴットロープシュルツェという人物の存在がはなはだ大きかったことを注目したい．少し大げさにいうならば，ドイツ農学思想というか，農学教育思想というか，そのドイツ的特色の土台はどうもこのシュルツェなる人物のうえにきず

かれたように思えるのである．

　つまりドイツにはテーヤ，―チューネン，あるいはシュヴェルツ，コッペという学説史的流れの他に農学教育上の流れとしてテーヤ―シュルツェという大河があって，この流れが流れとしては「正統派」というかオーソドックスな流れであって，ゴルツ自身はチューネンの流れの下ではなくシュルツェの流れの嫡子的存在であった．チューネンの偉大な「孤立国」の業績もながく放置されていたのも，この「正統派」からはチューネンはたんなる在野の星でしかなかったことはこれをしめしている．

　それではシュルツェとはいかなる人物か．

　シュルツェ（F. Gottlob Schulze, 1796 - 1860）のもっとも大きな仕事は，ドイツにおける大学での農学教育の今日の基礎をつくったことであろう．彼の主張は大学レベルでの農学教育は，なんとしても綜合大学のなかに包摂されるべしとすることであった．まず彼自身，イェナ大学において，カメラル学の教授でありながら，彼の危険負担において農学の講座を開設している．これがドイツにおける大学としての最初の農学教育であるといわれる．またボン大学，ゲッチンゲン大学などの綜合大学のなかに農学部を創設したのもシュルツェの功績であるといわれている．ドイツにももともと農業者の子弟のための専門教育を目的とする高等農業学校がいくつもあった．そのうち最も有名なのはテーヤの弟子であり，チューネンの同志であり，そして「ベルギー農業」等の著述で有名なシュベルツ（J. N. Von Schwerz, 1759 - 1844）によって建てられたホーヘンハイムのホッホ・シューレである（ごく最近，これもまた綜合大学農学部に昇格したと聞いた）．シュルツェの農学教育は，農業者のための農業実践を目的とした学校教育と，大農場の管理や農業の指導の立場にあたる者のための教育，つまり大学教育とを区別すべきことを強調している．綜合大学としての農学部の創設の主張は，つまりはエリートとしての農業指導者の教育の必要の主張であった．彼はこう主張している．農業指導者は市民社会の最高の階級にあるものが享有する知識と教養を必要とすると．このことは彼の学風のなかに国民経済学や国家学と農学との強い協調，結合を主張するかたちであらわれてくる．シュルツェはドイツ農業経済史のなかでは，国民経済学派とよばれ，農業経済学を国民経済学の一分科においたものというのが通説である．シュルツェも，チューネンとともに経済学においてアダム・スミスの大きな影響をうけて

いるが，そのうけとりかたに大きな相違があるのは面白い．シュルツェがことさら国民経済学との関係を強調したのは，リービッヒ等の化学者が，農業はすべて化学で解決するとした見解が風靡した社会に対する農業経済学の抵抗でもあったと思うが，彼の「テーヤか，リービッヒか」(Thaer oder Liebig, 1846) という著書には彼の苦衷がしのばれる．農学はやはり国家のためのものであり国民のためのものであって，必ずしも，実践そのもののためではないとする見解が，いたるところ散見する．

　この考え方は一面，眼を経済学にむけるという新らしさをもっている．しかし同時にその反面，私はそこにカメラリズムの臭いをどうしても感ずるのだが，どうであろうか．

　テーヤの当時，周知のように農学はカメラリズム（官房学）の一部であった．というよりも，例えばシュヴァイツェル（A. G. Schweizer, 1788－不明）の農業教科書（Anleitung zum Betriebs der Landwirtschaft, 1832：これがドイツ農学においてベトリープという語の最初の出現であったと思われる）によれば，農学は官房学のもっとも主要な内容をなしていた．大学においても官房学の代表者が農学を講義する例が多く，一部において農学の専門家が官房学を同時に講義をするかたちをとっていたようである．事実当時の著名な農業経済学者には，例えばテーヤがハンノーバー侯の顧問であり，シュルツェがワイマールのカール・アウグスト大公の農場の最高管理人であったように，領地財産管理と深い関係を持ったものが多い．農業経済学の分野で早くから進んだものに農業評価学がある．いうまでもなく農場の管理の必要性が生んだものであるが，これを Taxationslehre とよんでいるのも，よくこの学問の発生の由来をあらわしている．

　シュルツェの農学思想はもっともよく彼の「経済及カメラル学の研究について」（über Wesen und Studien der Wirtschaft order Kamerawissenschaften, 1826）にみられるといわれるが，そこには農業進歩のための経済学の重要性とともに人間倫理の重要性の指摘がつよい．つまり農学自身は国家のために，国民のために貢献すべき任務をもち，少くとも大学における農学教育はそうした人物の養成に答えるものでなければならなかった．

　このようにしてシュルツェの思想と教育方針は，シュルツェ式一般農学（註，一般農学とは農業経済学をさしている）として，リッペン・ワイゼンフェルド伯

等の弟子達によって拡大普及されて，ドイツの農学教育の中核をなして来た．

テーヤ自身官房学から出発した．しかし彼の努力は農学の官房学からの脱却にそそがれた．しかしその道程はながく，おそらく官房学のなかに含まれた諸学のなかで，農学ほどその色彩を後まで残した分野はないように思われる．

この点でシュルツェは彼の意図とは無関係に，テーヤによって，やや農学の独自性らしいものが生れかけていたものを，少くともその外形においてはカメラリズムのむかしに返したように見える．彼がネオ・カメラリズムとよばれる所以であろう．

綜合大学の農学部として，国家国民の指導のためのエリート教育をうけ，一般の農民の子弟の教育とは区別するドイツ農学の大学教育は，かくてシュルツェを頂点として，大学農学教育の主流をなして来た．農学の大学教授はこうした座にすわる強大なオーソリティの保有者となった．ゴルツはまさに，このシュルツェの流れをくむ嫡子的存在であった．広く自然科学部門としての農学畑と農業経営学の結び役として，そしてロッシャーやワグナー，シュモラー，ブレンターノ等に代表される歴史学派経済学畑との結び役としてとくに農学と農政学との結び役としてゴルツの役割はまことに大きかった．もちろん実践的な多くの研究者が多くの業績をのこし，それがドイツ農業経済学の底のひろさとなっていることは当然だが，少くとも大学における表だった立て役者ではなかった．ゴルツ自身はボン大学の教授であり，いくつかの高等農業学校の学長の経験をもった．私が始めにゴルツを「正統派」といったのは，このような意味であって，大学農学教育の中枢というか，頂点にそびえる位置にゴルツはいたのである．翕然として衆人ゴルツの傘下に集まったのも当然であろう．

ゴルツに学んだ日本の弟子たちは，日本の農業経済学の中心に参画しながらも，かなり忠実にドイツ農業経済学の体質を伝えた．ゴルツの説をめぐって，多くの論議が行なわれた．そして学問としての初期を形成していった．もちろん民間の老農等の業績は日本農業のうえに重要な役割を果しているが，ゴルツの弟子たちの大きな業績はその土台をなしている．しかし，一面，やはり日本でも農学はつよく官学の色彩のつよい性格をうけついでしまったものになった．最も生産者のためのものであるべき農学が，もっとも国益としての農業に眼をむけすぎてきたのは，日本の農業者が社会的に弱い力しか持てなかったということの裏がえしの理由によるものであろうが，一つには私にはドイツ農学

教育思想の影響がどこかに作用しているように思える．日本では農の思想が云々されるのは，つねに「指導者」に対して，その指導理念として問われる時のみであって，生産者に対して問われることが少ないのは，アメリカの場合と非常にちがうところである．農本主義は日本ではつねに危機の思想であったのも，この事情に由来している．

(農業経営調査会：農林水産省特別試験研究報告, 1973)

参考文献

1) ゴルツ,「ドイツ農業史」山岡亮一　有斐閣 1938
2) Von.Schulze "Thaer oder Liebig? Versuch einer wissenschaftlichen Prüfung der Ackerbautheorie des Herrn Freiherrn von Liebig besondes dessen Mineraldunger betreffend.Jena 1846
3) Von.S.Frauendorfer "Ideengeschichte der agrarwirtschaft und Agrarpolitik" Band I Band II
4) 金沢夏樹「農学教育と大学」学士会会報 1972

第4章　持続的農業の「自然と経済」
―農業経営的接近―

1. 環境保全型農業のマクロとミクロ

　環境の劣化が深刻である．自然環境と経済環境の劣化の連鎖反応もその輪を拡大してきた．他方，持続的農業という用語もいまはごく一般的になっている．だが環境保全型農業も持続的農業も現実的には，ほぼ同じ目的と内容のものと考えてよかろう．しかし現実の環境保全型農業論なり持続的農業論なりを聞くと，一方的な見方というか半端な論述が多くて何とも締まりのないものが多すぎるのではないかと私はつねづね感じている．それは一口にいえば，自然と経済の共存なり共生ということがどれだけの論理的な折り合いのうえで考えられているかがよく伝わってこないからである．

　今日の多くの環境保全型農業論なり持続的農業論をもう少し整理しておくために問題を社会公共的立場からのマクロの視点から把えようとする立場のものと，実際の個別農業経営という主体性をもって行動しなければならないミクロの視点とを分けて考えてみる必要があるだろう．このマクロとミクロの立場にたって，環境問題を取り扱うとき，その結着のつけ方には論理的も実際的にも違うものがあると思うからである．ミクロの個別主体の場合には問題を具体的に解決するという要求が一層大きく，単なる話し合いではすまされない結着が必要であってマクロの場合のように大きな筋道だけをたてて一応の政策的妥協で終るというわけにはいかない．誰がどのように進めたらいいか，これを経営戦略のなかに組み込む必要がある．環境問題の解決も折り合いを期待するだけではなくて方策の検討を要する．

　本稿はそこで農業の「自然と経済」とのかかわり方においてどのような相互の折り合いの努力がされてきたかを考え，経営調整とよばれるものの意味を考えようとするものである．

　もともと一般の経済社会においてもとりわけ農業という産業には自然の原理と経済の法則との間に相互に矛盾する二面性があって，時により一方が他方に

優先して社会がその進歩を認めるという歴史を持った．経済は経済の技術支配力を信じ生産力上の支障も困難もやがて新しい技術がこれに応え経済発展路線のうえに仕組まれるものと信じた．だが現在自然そのものの破壊が進みその回復力の可能性に否定的な考え方も多くなるとそうした自然保護なり生態論それ自身の立場からの見解が重さを加えるのは当然のことである．

　マクロの立場からは社会公益的立場から当然に経済発展と自然保護の両面が論ぜられる．今日の環境保全は殆どマクロの立場からの主張であり，まま農水省の「食料農業農村基本法」に唱う環境問題もマクロの立場からのものといえる．しかし多くの論者から指摘をうけているように新基本法は一方に経済発展と市場原理による産業としての競争力を強調し他方に自然保護を訴えるという斉合性のうえでよくわからないところがある．二つの異なる基本的な思想的原則—経済発展と自然保護—をそのまま併列させるだけでは具体的な対策はできない．一方が他方を呑みこんで従属させるか，あるいは適当なところでの妥協しかない．理論的な両者の折り合いなどもその立場からは不可能であろう．多くの環境保全論にどこか締まりがないとさきに述べたのもこの二つの間の斉合性の試みを欠いて一方的サイドからの議論に終始しているからである．

　しかしミクロの個別農業なり個別企業の立場から見るとこうした二元的な問題を二元のままに放置はできない．自分の納得において両者の自主的な調整を計る努力がそこに求められる．持続的経営であり企業であるために経営の戦略と計画はどのようなものでなければならないか．実際上の担い手である個別経営は二元性をそのまま受け入れることはできない．二つの統一物として自分としての調整の努力なしには一歩も先に進まない．マクロの立場と違って個別経営は一個の意志経済だからこの意志が貫徹できるように，二つの間に主体的な調整が行われて一つの統体を生み出す努力こそがミクロの個別経済の中心問題である．

　テーヤ（Arbrecht, D. Thaer）を始め近代の農業経営学の先輩たちは持続的な最高の純収益の獲得とその手段としての輪栽式農法の合理性を説いた．テーヤにとっても自然と経済のリンケージは自然と経済の間の一貫した論理性を裏付けるためのものであった．しかし20世紀後半からは市場経済の進展，拡大に伴い自然は経済の影にかくれるようになった．近代の経済学や経営学では土地の力ということにさえ冷淡である．リカルドやチューネンの地代論さえも土地

自身の力を認めるのに消極的な近代の経済学では不人気である．資本による土地機能の代替が大幅に可能だと信じているからである．

しかしいま我々は立ち止まって自然の論理を作物栽培という点からも環境保全という点からも経済との接点をまずミクロの個別経済の論理として問い直す必要がある．自然と経済の統一体を求め，そのための論理と自主的調整を求める個別経済の経営戦略に着目する必要がある．そこには二つを統一的に考えなければならない意志が働いているからだ．

マクロの視点からもミクロの視点も現在の「自然と経済」が直面する問題にとって，ともに重要である．しかしともかくも自主的に解決に取り組もうというミクロの立場を理解することが本来はその第一歩となるのではないか．

ミクロの立場ということを主体的な意志のもとに何か一つの統一されたものをつくる解決的な意味をも持ったものだとすれば地域社会としての一つのまとまった意志のもとでの活動もミクロの立場ということができる．ミクロの立場はあの立場も認める，この立場も認めるという単なる妥協論では許されないのである．

2．有機体アナロジー

農業生産を有機的生産であるとして，農業を生物としての有機体になぞらえるいわゆる有機体アナロジーの考えはケネーやテーヤの名をあげるまでもなく旧くからあった．彼等はともに医師であったが近代の農業経営学研究者も多くの人々が生物有機体アナロジーの強い信奉者であった（アウ，フンケ，フューリンク，ゴルツ，クレーマー，ポール，ゼッテガスト等々）．一人一人が同じであったわけではないがオルガニズムアナロジー（Organisum analogy）の支持者として一致していた．勿論これらの経営経済研究者はたとえば「農学原論」という著名な著作を書いたクルチモスキー（1875～1960）のように生物の自然適応の機能を重視して独特の自然生態観をつくりあげたものとは違い，経営の合理的かつ技術的適応を否定しなかった．たとえプロフィットを追求する経済体でも自然の機能は強調されなければならないが，しかしそれは人為的調整を不可欠のものとし，この自然と経済の調整こそに農業本来の任務があると考えてきたのである．自然と経済の調整とはこの有機体アナロジーの内容にかかわる．

この有機体ということが意味しようとする主要な内容は何か，おそらく次の二つの内容をふくんでいる．

一つは生命体，或いはそのアナロジーが持つ全体性総合性である．オルガニズムセオリーは調和の法則（アーレボー）ともよばれるように部分あるいは部分の集合体ではなくて，一つの意志のもとに体系だてられた総合的機能体である．自主調整機能を持つ自律体である．農学が「造る技術」とは違って「育てる技術」といわれるのもこのことである．農業経営もまたその意味で生物の各器官の総体に似ている．

二つは生命体にもちろんヒントは得ているが，もっと広く組織ということに関連している．組織が持つ相互部門の緊密性と体系性に深く関連している．栽培という作物育成のうえでの有機性とともに農業経営が各部門の編成を基本とするものであるならば，この組織的論理として有機性をあげられるのも当然である．現在では組織化に関連して有機性が云々されることが多くなった．広く労務と人間関係論も有機体アナロジーとして一般企業の中でも多く見かけるようになった．

クルチモスキーは農業経済学において厳密なオルガニズムアナロジーの思想を広めた代表者である．農業経営は生物と同じく生長するもの（grow up）であって人工的に製造できるものではなくいわば歴史の流れにそって自然の選択に支配されるものとクルチモスキーは考えた．つまり農業経営の発展は決して合理的思考によってのみ建設できるものではないとしたのである．

農業経営研究者の多くはしかし合理的思考をもとにしてクルチモスキーに対抗し批判したが次第に有機体アナロジーは生物そのものへの関心から組織論としてのアナロジーに移った．前述の有機体アナロジーの二つの内容に関連していえばそれは第一の生物的アナロジーから組織論的アナロジーに移した．つまり有機体論は農業経営の多角化を中心に論じられようになる．農業の有機体とは作目編成をめぐる多角化複合化作物結合体の基本認識となった．

3．持続的農業に対する経済側からの接近

持続的農業を支える自然科学側からの分析なり提言と並んで経済学側からもそれへの接近を計る努力が長い間継続してきた．しかし両者はかみ合わず二律背反的な様相を呈している．とくに社会公共的なマクロの視点だけ見ると両者

は接点を見出し難い．

　私はこの対立を一つ一つの現実を現場において解決していくところが出発だと思っている．つまりミクロの立場からの出発が解決の第一歩だと思っている．

　そこで問題解決を大きな目的とするミクロの経済が或いは経営経済学がその武器としてきた経済概念と手法がどのように持続的農業の内容として具体的に示される自然科学のタームとどのように一致し或いは近似しさらには反発性をもつものかよく検討を加える必要がある．環境保全型農業なり持続的農業の実効をあげるうえには自然と経済がどこまで接近できるかをまず相互のタームの関連性においてはっきりさせておくことが大切である．別々の道を一人勝手に歩いていては解決にならない．

4．最少率と適正比率への経済的接近－適正集約度

　近代の農業科学の発展の中で生産力の科学的分析上の知見としてリービッヒは最少律の理解を示した．この最少律は以降アグロノミーの土台として栽培学の分野はもとより広く農業分野での共通の認識となった．横井時敬の代表的論文の一つである「合関率」という概念は law of combination と彼自身はよんでいるが基本的に最少律と同じである．横井は有機的生産として結合の理解を合関率によって説いているのであるが，それは作物生産は最も不足している栄養素によって影響されるという最少律の理解と殆ど同じものであった．

　リービッヒの最少律は最少養分律とよばれ植物の生産に必要な多種類の無機分のうちその中で一種類の成分が不足の時は植物の生育はその不足の成分量によって支配され，他の多量に供給された成分の量には影響されないというものであった．この最少率をドベックは有名な樽の絵で説明したが最も少ない要因から水が流れてしまうドベックの最少樽として知られてきた．この最少律はどの植物養分も過不足があってはならないしリン酸が不足している時は窒素を増加しても収量は上がらないことを教えるものではあったが，それは植物の養分に限らず，生産のための最も不足する制限因子への注目に進んだのは当然であった．いまのべた横井時敬の合関率もこの制限因子の注目であり，これによって作物結合なり多角化の論理の途を経済例から接近しようとしたのである．

　同じく最少律に似る経済的発想はアーサーヤングの適正比例（just propotion）の考え方の中に見ることができる．ヤング（1741〜1820）はリービッヒ（1803〜1873）より一昔古い時代ではあるが適正比例に見られる経営編成の結合原理は経済合理性を表てに出した最少律と見ることができる．それは密接な結合力を示すと同時にその比率の適正の重要さを説くものであった．ヤングによるとこうであった．

　ヤングの叙述はまず労働手段の2頭の馬を連獣として利用することを単位として出発する．この2頭の単位で40エーカーの耕作ができるとすれば80エーカーの耕作には4頭の馬を必要とする．これを四つに分けてノーフォーク輪栽農法の四年輪栽を行うとすれば20エーカーづつふりあてられる．しかし馬1頭に必要な乾草の生産のために1エーカーの草地が必要であり，4頭で4エーカーが必要になる．更に夏飼料としてクローバー用に6エーカーが必要だから飼料用として80エーカーの耕地以外に10エーカーが必要だということになる．これに加えて地力の関係からの四年輪栽式を行うには何頭かの用畜による厩肥の補給が必要である．そのためには80エーカーの耕地利用に組み込まれたカブとクローバーの一部と冬殻，夏殻の一部をこの用畜に仕向けなければならない．このバランスを欠くとき農業経営は持続的ではない．適正比例の原則は即ち最少律の基礎であった．

　この適正比例や最少律という技術上の合理性に経済の例から接近しようとした方法は集約度という概念の援用であった．つまり適正集約度という概念の設定と測定であった．

　こうした集約度による接近を意識的に計ろうとした近代の農業経営研究者の初期の代表者はアーレボーとブリンクマンであった．彼等は最少率を生物有機体アナロジーとして把えたが経済有機体としての農業経営組織（部門編成体）の中に見ようとして，最少律が合理的判定の尺度となるならばそれは適正集約度とどう関連するかに関心をもった．アーレボーの考え方を簡単に説明するとこうなる．農業経営はたしかに一つの総合された全体であり統一体に違いないが，エレボーは集約度を考える場合に全体的な集約度を考える前にたとえば肥料集約度とか労働集約度とかの生産要素－つまり土地当たりの肥料投下量なり労働投下量なりを示す必要があるとした．しかも価格でなく現物量として示す必要があるとした．集約度をまず技術上の合理性判定のための使おうとしたのである．この各種生産要因の適正集約度は経済的には本来は価値として限界支

出と限界収益の一致点で決まるとされるが，現実には異なった生産要因の適正集約度を比較するときに価値的価格的にあらわしても意味がないとアーレボーは考えた．そのうえで技術的に最も望まれる集約度にまで達しない不足要因を補充することが最少律に則ったものであるとしたのである．

しかしアーレボーは後に集約度を生産物と支出の価格によって基本的に動くものとして，集約度を現物としてではなく価値として表示するように変わった．集約度は支出と生産の技術的効率の合理性を判断するための基準という意味から離れて経済の価値的合理性の基準となり，最少律の考えから遠いものとなった．適正集約度は経済上のプロフィットマキシマムの獲得のための限界要因を限界収益の均衡点として求められることになったのである．

しかしもともとアーレボーでは有機体アナロジーとして農業経営を一つの全体として把え，その結合の合理性の判断を最少律的な考え方に近づけようとした．そして各々の生産要因の集約度それぞれの適正度から遠いか近いか，その中で最も足りない生産要因の補強こそが重要であるとして，それぞれの集約度を現物表示にしたのである．

しかし技術的合理性よりも経済的合理性としての最大利益のための適正集約度となると，価格を反映した価値としての均衡点が表示されなければならない．アーレボーは現物で集約度を計る重要さを強調していたにもかかわらず，後に集約度を完全に純粋に経済的概念に変えた．そこでは最少律と結びつく根拠を欠いた．しかしアーレボーはそれでも農業経営体の適正集約度についての技術的合理性と経済的合理性の斉合点を求めて苦悩した．

先年アーレボー没後50年の記念論文として学術誌に掲載されたクールマンの業績はアーレボーの適正集約度論を最少律の理論的関連が成功的であったかどうかにふれている．結果として各生産要因の現物表示の集約度の比較によって経営の結合された適正集約度と最少律は斉合性を持つことができても，価値表示の形ではそれができないとしている．つまり有機体アナロジーからは遠いものになったのである（F. Kuhlmann. Zum 50 Todestag von F. Aereboe : Die Gedanken zur seiner Intensitätlehre. Agrarwirtschaft, 1992, 8/9月号）．

T. ブリンクマンはこの点アーレボーと少し違っていた．第一に生物有機体アナロジーとは無縁に農業経営を純粋に経済的に把えようとした．ブリンクマンも集約度論を農業経営構成の基軸としたが，集約度とは純粋に土地に投下さ

れた価値表示としての費用の合計であった．即ち土地単位当たりに投下された物財費と労働費と資本利子の費用合計であった．エレボーのように現物量の支出で技術的合理性をはかる考えはない．

　第二にブリンクマンは有機体いうオルガニゼーションを生物体にたとえることを止めてこれを組織体を指すものとして，とくに多角化された組織体を考えた．農業経営とは部分の単なる集合ではなくて統一的組織体であり部門の編成体である複合経営，多角経営を本質とするものであった．部門なり要因にわけて集約度を考えることはブリンクマンの場合はそれ程の意味を持たない．集約度も経営全体としての集約度として意味がある．オルガニゼーションとは組織体の問題であり，多角化の問題であった．ブリンクマンはこの集約度への影響要因として最重要としてあげたのは国民経済の発展，就中市場経済の変化であった．

5. Organizational intensity と Managerial intensity

　この土地当たりの現物支出表示の集約度と貨幣価値表示の集約度の適正如何についてその後も論議は続いた．農業経営の収益性追求の流れとともに価値表示が普通となり，アーレボーのように現物支出の意味もそれ程強調する向きは一部の人々にすぎなくなった．それだけ集約度は技術的合理性による判断から市場経済的判断に基準を変えたということになる．

　つまり生産力よりも収益が集約度の基準になったのである．

　もともとアーレボーが集約的に現物表示をこだわったのは，部門なり要因なりのそれぞれの技術的な集約度を重視したからであって，それぞれがその適正集約度から遠いか近いかを比較して最少律の考え方に則とろうとしたものであった．しかし経営全体の総合した集約度を求めるとなると異なる現物の合計は出来ないから共通する尺度としての貨幣価値で表示する以外にない．仕方なくアーレボーも経営全体としての集約度を価値表示に変えて純粋に経済概念におきかえようとした．しかしアーレボーはここでつまずいた．それは最少律とは無縁のものとなったからである．アーレボーは最少律に則とることが適正集約度に近づけることと考えたようだが，価値的表示による経営全体の集約度と

最少律の矛盾につまずいたともいえる．先述したクールマンの指摘もこのことである．

　ブリンクマンは最初から生物的アナロジーの発想とは無縁に最少律への接近も放棄されていた．そのかわり純粋に市場経済的で価値的表示で一貫したがそれは経営体全体としての集約度の表示ただ一つであって，各生産要因の集約度への関心はなかった．この方が経済的見方としてスッキリすることはするが，アーレボーは各部門なり各生産要因の集約度をも重視すべしとしてこれに反対であった．アーレボーとブリンクマンの以降も農業の有機体的生産との関連で生産という技術上の持続性と経済上の価値収益性という比較的短期の合理性との間の矛盾に悩んだ．それに接近する道具立てとしての集約度についても深い検討が残された．

　1960年前後以降ドイツでは Organisations intensity と Managerial intensity の区分のもとで二つの集約度の矛盾と調整ということが話題にのぼるようになった．それは経営組織集約度（Organisation intensität）と管理集約度（Bewirtschaftungs-intensität）ともよばれる．アーレボーやブリンクマンの後継者であるブローム（1892〜）やアンドレー（1923〜）を始め，現代の研究者たちもこれにならっているが，農業経営内部において経営組織と経営管理の二つの間に特有の問題があると考えざるをえなくなった事情がある．経営の活動の中には組織の枠組みを organize するという局面と組織一定の与えられた条件のなかで管理（management）するという局面の二つがあるが農業経営とても同じである．この二局面の考え方は勿論アーレボーにもブリンクマンにもあったが，市場経済の進化とともに次第に二つは独自の領域をもつ問題に動いた．組織と管理のこの二局面を一貫した同じ合理性の基準で以て，即ち同じ集約度基準で判断するのは説明つかなくなったのではないか．その適正集約度の物指しは二つの局面で違うのではないか，そう彼等は考えたようである．

　ブロームやアンドレーはいう．この二つの局面はもともとつながっていた．集約度の変化はしかし次のように変化した．アンドレーの説明するところでは
(i) 50年代までの集約化の方向
　　集約に組織し集約に管理する．
(ii) 50年代から60年代に至る集約化の方向
　　粗放に組織し，粗放に管理する．

(ⅲ) 60年代以降および将来の合理化と集約化の方向

　　粗放に組織し集約に管理する．

　この粗放に組織し集約に管理するという意味内容は集約農耕段階から機械化段階に農業経営の方向が移り，機械化の容易な穀作等への単純化が進んで，集約な耨耕作は減少し，経営組織集約度は粗放化する．しかし一方管理集約度はむしろ集約化に進む．労働力が制限要因であり労賃も相対的に高い機械化段階では収量増加手段としての物財費が一層進むことになるからである．二つの集約度はそのまま同じ物さしでは計れない．

6. 組織集約度と管理集約度の分化と意味

　管理集約度とは経常的な経営管理遂行の集約性を意味する．機械化段階に入って労働支出は大きく節約されたが土地生産性の向上のためにはこれまでよりも一層の資本投入を必要とする．工業化された国民経済にあっては技術進歩の方向は資本投入による土地生産性を高めるように働く．土地単位当たり及び家畜単位当たりの収量増加を志す．つまり従来よりも管理集約度は一層集約化の方向に向うと同時一層その重要さを増すだろう．その適正集約度が限界費用と限界収益の均衡点であるのはいうまでもない．

　これに対し組織集約度はどんな形で示すことができるか．アーレボーは組織集約度（Organizational intensity）を価値的に示そうとしてつまづいたがアーレボーの後継者たち（たとえばブローム等）はむしろ一つの指数として示そうとした．集約度の指数化といえばランゲンベック（Langenbeck）の表示法が既にあったがブロームはこれを修正して次のように考えた．

　まず作目ごとの集約度指数を技術上の可能性として示す．各作目の労働と資本のキャパシティーの可能性を考慮して示すのである．これはバレイショを1.0としてすべての作目について示される（甜菜1.5, 穀物0.3, 豆科0.5, 野菜1.0〜4.0, 飼料作0.3, 放牧地採草他0.1, 果樹1.5など）．

　次に農業経営としての作付けした全作目を中耕作物とその他の作物を区分してその比率を表示する．作付比率である．

　最後にこの作付比率に各作目の指数を乗じてその加重値を算出する（正確にはこの他に農地単位当たりの家畜頭数も考慮される）．これが組織集約度の表示であった．ここでは管理集約度と違って組織集約度は技術合理的，物的概念

であった．つまり持続性につながるものであった．

近年のドイツの農業経営の流れは，たしかに市場経済原理による価値的感覚のみに走る側面を見せてはいたが，農業経営組織編成において Organizational intensity がその本質を再び検討され始めていることも事実のようである．

アンドレーは農耕の基本組織は作付比率と作付順序によって構成されるとして（作物交替，土地交替を含む），とくに作付比率の重要性を説いた．アンドレーは土壌の肥沃性の維持を保証する土地利用の生物学的均衡に注意すべしとしているが，農耕は本来反自然的な土地利用であるから絶えざる回復手段を講じなければならない．作付順序はこうした検討のうえにとくに前作との関係で決められる．集約度の指数による表示は，そうした生物学的均衡という問題意識上発するものと思う．

ブロームをはじめ，そのグループ達はそれでは組織集約度と管理集約度との関連をどう考えているか．いま述べたように組織集約度については作目の集約度指数と作付比率の加重値の合計によって統一的に表示するものとし，管理集約度については費用支出の限界理論による最適点を算出しようとする．しかしこの二つの関連性はどうか．二つの集約度はお互いにどのようにつながるのか．その序列を彼らはまず管理集約度の増進から進める．そして管理集約度が適正値をこえた時に組織集約度の変更が始まるとする．ブロームの機械化段階の農業に関していえば，労働費を機械および化学的生物的手段によって極力代替しながら限界費用と限界収益の一致点を見出すことが第一歩であり，次に機械化効果の高い労働粗放作目を優先させて規模を拡大を計り，結果として経営組織の集約度を変えていくことになる．管理集約度の合理化，適正化から始まり経営組織集約度の構成変更，合理化という順序になるが，出発点と優先度は管理集約度におかれるようになった．そして次第に集約度とは管理集約度としての内容を意味するという一方的な理解を進めることになった．純粋に収益効果（efficiency ratio）を示すものだからである．

しかしもともと集約度という概念は農業経営という組織体の合理性を経済的感覚のもとに持続性を含めて判定する手段として考えられた．それは規模問題と裏腹の関係にあった．農業問題としての規模問題は Organizational intensity としての接近から始まったといえる．しかしこの組織集約度を納得的に経済価値で表示することは問題が多過ぎた．どうしても現物表示や指数化で表示する

ことを免れなかった．生物アナロジーがどこかで入りこむからである．

これに対し管理集約度は限界理論で経済的に一貫した意味を与えることができる．しかしそこで集約度の意味はある限定の組織の範囲内でのものとなった．つまりせまい収益的なものとなった．問題は Organizational intensity である．これをブリンクマンのように生物的アナロジーを一切排してすべて経済体として価値的にのみ見る考え方もあるが，多くの先人の苦心は農業生産としての持続性との関連であった．適正集約度の判定をどうするかを組織集約度の課題として考える意味は大きい．（アメリカおよびEU諸国でも使われている生産者労働単位や標準労働日等の規模尺度は一種の集約度でもあって興味深いが，他の機会にも述べたので省略する．）

要するに，組織集約度と管理集約度の関係は前者を比較的長期の問題として，後者を一定の組織集約度の中で，比較的短期の問題として近代経営学はとらえようとしたが，二つは自ら連動するものと考えられた．しかし現実には相互の調整という作業を伴う重大問題が残されていたのである．

7．経営調整（adjustment，Anpassung）ということ

調整（adjustment）というタームはアーレボー以降現在までいつもいわれて来たことである．この調整ということも，これまでの Organizational intensity と managerial intensity の二つに分けて論じられることが多かった．経営調整をいうことは，主として適正集約度を求める時の集約度に影響する諸条件の吟味を具体的には指すことになるが，大きくいって二つの内容をもっている．

一つはこうである．それは組織集約度および管理集約度をそれぞれ独自に適正度を求める際の自然的，技術的，制度的条件との自己調整である．とくに最近自然環境との調整によって集約度を決定せざるをえなくなった．環境的調整からいえば土地利用を基礎とする農業の場合の主要な調整とは organizational の場合には栽培学的要素を含んだ作付順序の問題にあった．いってみれば作付比率と作付順序をめぐる問題が経済との関係で取り上げられ，主としてアンドレーを中心とする人々が取り上げた．

二つは organizational 集約度と managerial 集約度の二つの間の調整である．

従来はすべてが経済的優先の感覚から後者が前者に優先し，その出発点だとされたが，有利な土地（多面的土地利用が許容されるところ）の場合，作付比率が経済合理的に先決されそのうえで作付順序が展開するし，反対に不利な立地の場合には作付順序が先決されるとしたのである．即ち不利な土地では少ない作付順序可能性のどれが有効なのかが中心問題であり作付比率はその結果であるとした．organizational と managerial とを経済的価値表示か否かの観点から区別しようというのではなくて，作付比率と作付順序という関連を組み入れて考えようというのである．アンドレーたちのいう調整とはこのような広い意味を持っている．組織と管理の関係は作付比率と作付順序の関係であり，その相互調整がつねに必要であるというのがアンドレーの考え方であった．

そこで作付順序という技術的合理性の追求がどうして経営管理を意味するものとなるかを考える．農耕とは「空間的に共存している自然の多面性を人為的に時間的に連続した多面性つまり作付順序によって作り出すこと」である．おそらくはその際次の諸点が検討されなければならないだろう．

(a) 作付順序を決定する場合の栽培技術的基礎とその手段の選択．
(b) 作付順序の地理的，歴史的な分布とその方向．
(c) 作付順序による病虫害の防除，有機質補充の問題の検討，技術と経済の間の手段の選択．

確かに作付比率のように経営組織を決定する要因とは違って，管理とよぶべき側面の問題であるといえる．

この管理の側面での調整として (a)～(c) のうち，まず (a) についてアンドレーとその後継者たちの意見はこうである．それは栽培学的な技術原則をもとにした管理調整である．それは第一に継続する作物の要求と給付とが相互に補充し均衡する状態をつくりだすことにある．作物の根の給付，地上部の植物量，栄養素要求，土地被覆は作物ごとに異なる．茎葉作物と稔実作物の交替等が行われる．第二に生産期間の長さがあげられる．これは前作の収穫と後作の整地，播種作業までの時間的余猶を規定する．第三に有機質の順序正しい補給が必要である．有機質の十分な準備は経営組織の問題だが，それをいかなる作目にどの程度与えるかは管理の問題である．第四に作物相互の親和性の問題がある．同一圃場に回帰してもその期間に長い，短いがある．忌地現象である．第五に前作要求と前作価値をあげている．つまり後作に対してどのような要

求があるか，どのようなプラスの効果を後作のために残してくれるかの比較である．前作要求が小さくて，しかも前作価値が大きいのもあれば，その反対に前作要求ばかり大きくて前作価値の小さい組み合わせもある．アンドレーのいう調整とはこのことである．

　この生産技術上の合理性と経済合理性の調整はこの場合どんな接近法がとられるか．一つは栽培技術のそれぞれの徹底した労働節約の改善である．相対的に高騰の流れにある労賃の可能なかぎりの節約である．経済合理性との調整ということは省力化への徹底した技術改善を基本とする．これがアンドレー等の考え方であった．作物相互の要求と給付の均衡も，有機質の補給の必要も，作物相互の親和性の問題もさらに前作の要求と価値との関係も，経済との接触の場は労働の節約技術の徹底した採用によるコスト削減の方法であった．アンドレーのいう「組織集約度は粗放化へ，管理集約度は集約化へ」というのはこの意味である．そして可能な限りでの労働節約技術のもとでの集約度が適正集約度ということになろう．アンドレーは経営単純化を説いて経営内部の重点形成の必要と最適の経営部門への集中化の見通しを述べた．また厩肥生産労働からの解放を述べて，別途の方法による有機質の補給の必要を説いている．機械化による厩肥経済の解決である．経済と技術の調整を価格との一般関係としてよりも高い労賃のための調整という一点でとらえたのである．

　最後に作付順序の管理的調整の(c)にあげた病害虫防除の経済と技術の調整にふれ，持続的農業の集約度の調整を考える．

　病害虫防除の手段は二つが考えられる．一つは経営外的手段である．経営外で生産された化学剤や器具等の手段に依存するものであるが基本的に応急処置にすぎないし，また反自然的である．つまりこの直接的な経営外に由来する機械的，化学的防除手段は生物学的な均衡に対する干渉であり，場合によって均衡そのものの破壊につながる．したがって注目すべきは自然的な防除手段としての経営内的手段である．作物相互の親和性の検討のためにも，また機械化による単純化への移行という機械行程の検討のためにも，さらに病害虫防除の調整方法の検討においても作付順序の管理問題は重大である．この作付順序を中心とする管理集約度の検討は厳密な調整のうえに行われる必要がある．

　アンドレーはこの機械化過程のなかで管理集約度は進むものとした．しかし作付比率による組織集約度（Organizational intensity）はかえって粗放化すると

考えた.

　土壌肥沃土を維持しながら雑草や病害虫を防除するための作付順序について更にそのうえに形成される農法のあり方についてヨーロッパ農業は中世以来の長い歴史をもった．それを輪作体系の基本と考えてきたのである．しかし現在こうした農法論理の内部で分化が生じた．くりかえすように組織と管理の二つの集約度の離反の方向である．

　農業経営の合理性判定基準として経営経済サイドからはもっぱら適正集約度の考え方による接近を一般とした．理論と実際にもとづきながら厳密に集約度の概念を規定して適正集約度の計測につとめてきたのである．しかし近代経営学は価格という経済価値一つだけで表示する方法にいよいよ固執する方向をとった．価値的表示で通す限りorganizationalとmanagerialの二つの集約度は斉合するというより二つをあえて区別する必要もないだろう．何故ならそれは技術と経済の矛盾を蔽い隠し，経済性のみを表示するにすぎないからである．持続的農業とはまずこの矛盾の事実を表に出すことから始まる．アンドレー等が指摘した二つの集約度の離反の事実は重要である．持続的農業にとって大切なのはこの離反の事実である．アンドレーがいう調整とはこのためである．アンドレー等はこの集約度の表示に，もっと弾力的であった．日本の農業の大きな流れを経済的に判断しながら生物学的均衡の大きな枠組に則した農業経営の組み立てをこらした二つの集約度からの接近として試みる意味は深い．

参考文献

1) 金沢夏樹「農業経営管理と経営集約度」昭和後期農業問題論集．農文協．1984
2) 川波剛毅「ブローム，アンドレーの農耕方式論」金沢夏樹編．農業経営学の体系.地球社．1978
3) Bernd Andreae「Wirtschaftslehre des Ackerbaues」Verlag Eugen Ulmer 1968
4) Bernd Andreae「Betrielsformen in der Landwirtschaft」Verlag Engen Ulmer 1961
5) Georg Blohm「Die Neuorientierung der Landwirtschaft」Verlag Eugen Ulmer 1966
6) J. Nou "The Development of Agricaltural Economics in Europe" Uppsala 1967
7) F. Kuhlmann "Zum 50 Todestag von F. Aereboe" Agrarwirtschaft 1992　8/9月号

第5章 風土論雑感
—和辻哲郎論私見—

1. 歴史と自然

　風土という用語は今日では環境という用語の一部としてこれに包含されている場合が多い．風土論は環境論が取り扱う対象の一部であり，人間とのかかわり合いに中心的な視点をおく人間生態論や社会生態論としての方法論においても共通している部分が多い．

　事実本来環境を意味する用語も風土と訳出されている場合は多いし，そうでない場合もある．風土とは多くは climate ないし klima の気象から導き出された用語だが，もちろん気象だけではなく地形地質その他の自然条件の特質と人間生活との長い間に形成された関係論である．しかしこうした自然の要因だけでなく社会関係すべてを含めて広くこれを環境 (Umgebung, あるいは environment) と人間の歴史の中に理解しようとする場合，これを風土とよんでいる場合もある．フランス語でいうミリュー (Milleu) は本来自然的要因も社会的要因も区別せずに，広く人間の生活生態論的な環境のことであるが，しばしば風土と訳出される．(オーグスタンベルク著篠田勝英訳「風土の日本」)．風土という特別の用語はフランスにはないといわれる．人間生態論に立脚したミリューの視点があるだけである．環境も風土もそこでは始めから一致していた．

　和辻哲郎の「風土」は風土論の代表的古典に属するが，いまもなお多くの読者を失わない．その副題に「人間学的考察」と付されているが，和辻は風土を「気候，気象地質，地味，地形，景観などの総称である」としている．古くは水土とよばれたものである．しかし，これを単に自然として把えることを止めて風土として考察したいと和辻はいっている．その意味は人間は自然環境との関係の中で客観的に始めて自己を発見するものであり，その発見にもとづいて，それへの対応の歴史を積む，それが風土というものだという理解がある．和辻が風土は人間の自己了解の仕方であるというのはこの意味である．和辻が風土という場合まず自然環境という要因が人間の長い間の影響と対応を通して歴史

を経てつくりあげてきた社会的生態の特色のことを指しているのである．

　なぜ和辻は自然環境をとくに風土論の中心におこうとしたのか．社会環境なり制度なりが自然環境を変えるという力にどれ程の強い認識を和辻は持っていたか，おそらくは多くの歴史研究者が和辻に違和感をもち，あまり高く評価しないとしたらこの辺りに理由があろう．和辻は人間がつくりだすすべての環境形成要因は基本的には自然的要因だと考えていたと思われる．和辻は自然ということの意味と，深さこそが社会制度の形成要因となりうると考えるほどの執着性を自然に対して持っていた．和辻が基本的に哲学者であって経済学者でなかったという理由もあろう．ただしそれだけに自然に対する根本的な考察が重要であると感じていたからであろう．和辻の歴史学の批判はここから始まる．

　それでも和辻には自然と歴史という両面の認識が風土論の中に見られる．一つは歴史とは本来風土的歴史であり，二つには風土とは歴史風土であるという認識であった．

　歴史が風土的歴史であるということは人間の思考と行動が自然的要因に影響され修飾されており生活様式もまた自然環境と一体化している以上人間の歴史もまだ風土的であるということであり，風土は歴史的風土であるということは自然環境要因はそのままナマの要因としてあるのではなく，人間社会の要求の中で改変された風土として存在しているということである．

　いってみれば前者は自然要因に対する人間の受容的な対応の歴史に着目し，後者は人間の積極的な自然要因そのものの改変に着目するものである．

　和辻はこの二つの相互作用に注目しているのであるが，一つは人間の受動的な自然に対する営みと二つは人間の積極的な自然改変の歴史という認識の中で和辻が発見したものは風土化された人間というか，人間存在そのものであって，それを歴史とよぶにはやや違うものがあった．

　和辻の論述をみると自然要因の大きな影響のもとで形成された「風土的歴史」については読者の強い関心と共感を惹くものがある．しかしもう一つの「歴史的風土」に関しては切り込みが弱いというか，ほとんど読者の期待に答えていない，という感をいだく．それは主として和辻の歴史学の認識と批判にもとづいていると思われるが，人間主体の風土論を説く和辻にとって，史的発展の基礎を物質的生産過程にのみ置く歴史哲学は異質であった．和辻はこうした自然をきり離した画一的な機械論主義に反対であって歴史的発展の道程に積極

的に風土の意義を考えようとした．

　しかし，いま述べたように和辻の場合，「歴史と風土」への切り込みは浅いとして和辻の方法論も物質的客観的事実主義の歴史家達には不人気であった．和辻の論述は専ら自然要因の受容としての風土である「風土的歴史」に注がれた．つまり和辻の風土論は歴史学の視点というよりも文化生態論であった．歴史的風土と和辻はいうが，それは歴史学研究者を満足させるようなものではなかった．和辻に失望する歴史学研究者が少なくないのは和辻の歴史の認識の仕方にあるが，しかしまた和辻風土論の特色もここにある．和辻の場合，その風土論は歴史を語ろうとして実は地理的であった．

　後にまた検討したいが風土に対する地理学的接近と歴史学的接近はなかなか相容れないところがある．いかに人文地理学がその特殊性を主張しようとも，あるいは一次的風土と二次的風土とを区別するにせよ基本的には自然環境要因が根元であることを地理学は土台においているのに対し，歴史学は自然環境を改変する物質的基礎の客観的影響力に着目するのである．地理学は自然生態の差にもとずくローカル性に着目し，歴史学は歴史の一般法則を問題にする．地理学的接近と歴史学的接近はどのように交錯しあうのか．交錯することができるのか．和辻の風土論はこの歴史学の批判の試みの一つであった．結果として大きくいえば和辻の風土論は地理学的であったと思う．「歴史的風土」の切り込みも基本的に地理学的であって「風土的歴史」の論旨もそれと変りがない．和辻の場合，歴史という用語を使いながら，きわめて地理学的発想で一貫しているといっていい．

　しかし本来，歴史と地理はもっと大きい接点となる部分をもつべきはずのものであろう．和辻が風土を人間の自己諒解の仕方だとしたのもこのような意識で，この二つの表裏の関係を取りあげたかったからであろう．しかし必ずしも成功的ではなくて，歴史家からは不評であったと思える．

　前述したフランスの環境，風土を示す概念のミリューは始めから歴史と地理が結びつくような構成になっていた．しかし歴史学も地理学もつねにそうした自己批判を伴ないながらも，その独立性と客観性を求めて独自の体系づくりに励んできた．

　歴史学研究者の手になる風土論を一つ二つあげると一つは古島敏雄の「土地に刻まれた歴史」ともう一つは玉城　哲，旗手　勲の共著「風土，一大地と人間

の歴史」が主たるものであろう．風土に対する歴史家の見方がうかがえる．ここでは主として後者の玉城，旗手の共著を取りあげるが「風土と歴史」に関する著者たちの理解は風土は歴史的に形成されるという一点にある．そこではもちろん本来の自然がまったく意味をもたないというわけではないが，自然が直接に風土を決定するわけではなくて，人間の生活と社会関係が一つの風土へと転化せしめていくのだと強調する．抽象化していえば人間の労働と技術が対象としての自然を特殊化し，この特殊化された自然が人間の社会全体に作用を及ぼす場合，そのしくみを風土というと著者たちはいう．つまり風土とは断続的な人間の自然への働らきかけによって特殊化された自然が作用する人間の社会文化の総体であると規定されている．

　一見すると和辻の論旨とあまり違いがないようにも見える．しかし玉城，旗手の場合は和辻のいう「風土は歴史的風土」と「歴史は風土的歴史」という二側面のうち前者の人間の自然に対する積極的な働らきかけの歴史の側面が中心であって後者の自然に順化するという側面は弱い．和辻の場合はその逆であった．これはくりかえすように一つには和辻の自然観とさらにもう一つにはその歴史観にもとづくものであった．和辻が歴史的風土の分析に不十分であったように，玉城，旗手の場合は自然の解釈が不十分であった．しかし不十分といういい方は適切でないかもしれない．そもそも一方は自然に対し，一方は歴史に対し独自の姿勢を守ろうとしているからである．

2．気質と風土

　和辻の「風土」にみられる大きな特色はその論旨の中心に「気質」をおいた点である．地球上の自然環境の異なる地域性，国民性はそれぞれ独特の気質を形成する．風土性という文化は基本的にこの気質の特色が土台になっているし，国民性なり，せまくは県民性という気質も重要な文化の形成要因であると和辻は考える．ともかくも「気質」という或る意味では感性の問題に近いものをその科学的論理の最も大きいキーワードにおこうと試みた点は和辻の特色というべきである．

　和辻は自分でも「風土」の中でヘルデルの「精神風土学」に深い影響をうけたとしている．それは一口にいえばこの社会の秩序を支配するのはすべて神の手によるものだという信仰と思想を前にして，自然環境の意義を訴えるものであ

った．一切の歴史はすべて神の意志でつくられるという世界観とはまったく別の新らしい自然観が生れたというべきである．和辻の「気質」形成はたしかにヘルデルの自然観と合致する．ヘルデルが説いた精神の風土性の主要なものをあげると

a. 人間の感覚の風土性
　味覚の繊細，鈍感，嗜好
b. 想像力の風土性
　想像できる範囲の広さと限定性，想像の伝承性
c. 実践的理解と風土性
　生産生活の実践様式を通しての感性的理解，例えば農耕の民なり畜産の民なりの感性と気質．
d. 感情衝動と風土性
e. 幸福感，満足感と風土性
　倫理性と風土性．道徳観

　くりかえすように和辻がはっきりした掴えどころのない「気質」を主題にしながら風土論を展開しようと考えたのは，風土を形成する「自然」と「歴史」の二つを結ぶものとして人間の主体的な存在をその間に介在させたかったためである．和辻は風土によって思惟力，感受力の全体を現わそうとした．その意味で和辻はそれまでの歴史学の流れに反対であった．和辻の「風土」には「ヘーゲルの風土哲学」という一節があるが和辻は物質基盤を発展の軌としながらその一般方則を求める歴史観に反対であった．結果として和辻の考え方は気質という取りあげ方の中で自然の反映，影響を重視せざるをえないものとなった．和辻の「風土」が歴史を論じながら，つまりは自然決定論だといわれるのも理由がないわけではない．「自然と気質」との関係は一応理解できても「歴史と気質」ははなはだもの足りない感がする．しかし和辻がこれまでの歴史観に反対である理由は私にもよく判るが，歴史が気質の形成にとってそれではどのように作用するかは切り込みが足りない．和辻の風土論は歴史的視点というよりも地理学的発想に近い．

　和辻が気質に注目する意味はわかっても，風土における歴史と自然は気質を媒介としてその距離が和辻によって縮められたとも思えない．和辻が人間を主体においた歴史の展開を意識しながら大きく踏みこむことはできなかった．と

くにこの場合「気質の形成」と歴史との関係ではそう思う．

　和辻はヘルデルの精神風土学を人文地理的な学問的流れと関係させて考えたようである．「気質」の問題も地理学の視点で理解できると考えたのではないか．しかし同時に和辻は人間を介在させることによって歴史としても「気質」は解けるのではないかと考えたようである．しかしそれは成功的ではなかった．和辻の頭には歴史学と地理学の結合させるべき分野があったのではないか．

　和辻も書いているようにヘルデルの「風土と精神」は科学的分析としては直感が表にですぎて満足のいくものではないとしている．意図は評価しても科学的認識としては評価していない．しかしそれは同時に多くの人々の和辻への評価に通ずるものであった．あまりに直感的であり，あまりに情緒的である．しかし和辻が「気質」を通して投げかけたかった問題の意味はわかる．

　しかしオギュスタン，ベルクによれば人間の生態性，人間の存在という意識を和辻が自覚しているのは「風土」の中で「日本」に関する部分だけだという．

　「風土」では世界の類型区分をモンスーン，牧場，砂漠に分けて，自然とその文化の関係を記述する部分は興味深いが，そこでは気質と文化は単純に気象と結びつけられている感があるとベルクはいう．それどころか事実認識も誤まりが多く，殊にヨーロッパの事象についてはそうであって，そのために底の浅い自然決定論になっているともいう．

　そこで和辻の日本風土論はどう展開されているかをみることにするが，和辻の風土論は文化論として二つの性質を持っている．というのはその一つは他の世界の諸民族との比較において考察された文化論と，もう一つは日本人が他の文化や文明を摂取する際にその仕方のうえに現われる特色を理解しようとする場合である．和辻の風土論は第二章の風土の「三つの類型」としてあげた「モンスーン，砂漠，牧場」の中で諸民族間の風土と文化の比較を試み，第三章の「モンスーン的風土の特殊形態」において日本自身の受容の仕方を考察している．ここでは後者の和辻の日本についての論述のみを主として取りあげる．「三つの類型論」よりも「日本」論が優れているという評価が少なくないと思うからである（たとえばオギュスタン，ベルク「風土の日本」前掲）．

　そこでは日本の風土の特色は台風的性格としてまず捉えられる．このことが日本の文化の構成の土台ともなり日本人の気質を形成する土台ともなっている

と和辻は考えるが，同じモンスーンではあっても，その台風は季節的な規則性を一応持っているとはいえ突発的な性質を持っていることはきわめて日本的であるといわなければならないとしている．和辻は台風の「季節性」と「突発性」はモンスーン域の中でも特殊な風土であるとして，この二重現象を日本の風土の基軸と考えたようである．この二重現象はしたがって，種々に形を変えて派生する．大雨と大雪という熱帯的，寒帯的二重性格もその一つである．作物にしても稲と麦とがともに成育し夏作物と冬作物が補完し合うのもまたその一つである．竹に積った雪の姿を人は日本の特殊的な風物としてあげる．豊富な温度と湿度が人間の食料を恵むとともに暴風や洪水を斉らして人間を脅やかすというモンスーン的風土のうえに，さらに日本では熱帯的，寒帯的，季節的，突発的という二重性格がこれに加わるのである．

　さてそれではこうした台風的性格は日本人の気質にどのような特色を与えることになるか．モンスーンの性格として和辻があげた忍従性は日本において，まず熱帯的，寒帯的という特殊の形態をとることになる．それは熱帯的な非戦闘的な諦めでもなければ寒帯的という気の長い辛抱強さでもない．和辻の表現をかりるならばそれは諦めでありつつも時に反抗することで敵対の姿勢をとるという気短かな辛抱と表現すべき忍従である．そしてこの忍従はさらに季節的突発的であることを付加することによって一層明確になる．つまり季節的であることによって繰り返し規則的に忍従を強いられる瞬間に台風は猛烈に突発性に生起しそこで反抗的，戦闘気質は絶えず醸成される．季節性，突発性は忍従性に時に激しやすい戦闘性を加えたものになる．しかしこの戦闘性は猛烈であるほど讃美されるけれども問題は決して過度に執拗であってはならないということである．いいかえれば反抗はすぐにもとの規則的な忍従にかえる思い切りのよさ，すなわち淡泊さが同時にその特色となる．日本人の気質は規則的忍従性とともに突発性に対する淡泊な忍従性（和辻はこれを突発的忍従とよんでいる）にあると和辻はいう．突発的な昂揚の裏に俄然たる諦めの静かさを内臓していること，これが和辻の見方であった．規則的季節的忍従が持続するなかで，その各瞬間に突発性を含むことの日本人の気質の特色を和辻は「しめやかな激情，戦闘的な恬淡」という表現で表わそうとした．和辻は「春雨のころのしめやかな気持」について書いている．これは季節性という規則性の結果であり，また持続性の結果である．しかし日本人の気質が「調子の早い移り変り」

という点で際立っているのは突発性というもう一つの異なる側面との融合の結果であった．日本の風土を特色づけた台風的性格として，和辻は気質を気象に従属させたのである．

　和辻のもう一つ重要な指摘は日本人の人と人との関係は風土論としての構造からみると「家」にあるという主張である．日本人の存在の仕方は「家」を離れはしない．家は家族の全体性を意味する．家の全体性は常に個人より重い．家は日本の共同態の核としてとくに重要な意味を持っている．

　最も日常的な現象として日本では「家」を「うち」として把握し，家の外の世間は「そと」であるとしている．「うち」の中では個人の区別は消滅する．妻にとって夫は「うち」「うちの人」であり夫にとって妻は「家内」である．家族も「うちの者」であって内部の区別は無視される．内部者はそこで距てのない間柄として家族の全体性において把握され，外なる世間と距てられる．この「うち」と「そと」の区別はヨーロッパでは一般にみられないが，少くともそこでは家族内か家族外かという区別ではない．

　家族の人間関係を現す「家」はそのまま家屋としての建築的構造にも反映している．第一に家屋は各部屋は錠前によって独立的に仕切られてはいない．襖や障子で仕切られてはいても，いつでも明け拡げて一つにする「距てなき結合」が可能なのである．一応の仕切りは家の内部における対抗性を示すが，またそれをことごとく取り払って一切の仕切りのない恬淡な開放性もあわせ持つのである．和辻はまさにこれこそは風土的特色であると主張している．

　しかし和辻の場合，日本人の「家」による規定性は風土と結びつきながら国民としての特殊性の承認につながっていく．日本人がその全体性を自覚する道も実は家の全体性を通じてなされた．そこで和辻の場合家の全体性としての「祖先神」や氏神が全体性によって個人を規定するという徳の根源としての位置をしめることになる．

　そしてそれは天皇制に対する風土的解釈へとつながっていく．この点には戸坂潤を始め多くの批判があったが和辻の天皇制擁護論は「家と風土」という重要な問題を提示しながらも，論理的飛躍が多いように思える．「風土と歴史」の難かしさである．

3．歴史学と地理学の間

　和辻が自然と風土，歴史と風土を考察するに当たって，人間の主体的な関り方を視点の中心にすえた結果は気質の形成を風土論の主題におく形となった．「気質」というあまり自然科学の対象ともなりにくいが，また歴史の対象ともなりにくい課題を中心にすえたのは，和辻が従来の歴史観に批判的であったこと，さらに重要なのは風土の人間学的考察という意図からである．

　この自然と歴史の相互交渉の思索は古くてつねに新しい問題であるが，いまこの風土論のかかわり方としてみると，地理学と歴史学との相互交渉の経過ときわめて類似していると思える．歴史と地理は今日それぞれ独自の領域を持つに至っているが，しかしその根底に共通した部分を持っていることも確かである．

　教科目として従来は地理と歴史は「地歴」という名で一体化していた．しかし歴史学も地理学もその後の大きな流れは独自の対象と方法論の確立に主目的を置いて両者はお互いを強く意識しながらも，その間の距離を拡大してきたといえるのではないか．

　地理学史を読むとその晦渋さに悩まれることが多い．それは地理学がその独自性を強調するためにあるいは科学の地位を獲るためにいかに苦斗したかを物語ってはいるが，人間の取扱いをどうするか，しかもその相手はつねに歴史学であることを意識しながらその相異点を強調する．この点が苦悩と晦渋の根拠であった．自然地理でも人文地理でもこの点は同様であったと思う．

　しかし歴史も人間を取り扱うが，和辻のような取扱いではない．和辻は歴史の解釈に人間の気質を考えることは歴史に肉体を与えることだといっているが，単に人間を客観的な物質的基礎として一般法則性を求める科学的歴史学と対立した．時の流れに一貫する歴史の客観性だけが和辻の関心事であったわけではない．

　これに対し地理学の人間に対する関心はどこに求められたか．それは総合的な人間の活動の一定空間なり地域に集中しての観察であると言えないだろうか．地理学は一定の地域「空間」に集中する総合性を求める．歴史はこれに対し「時」の流れに一貫する法則性を求める．つまりこれまでの歴史には「空間」がなく，地理には「時」が弱い．

第5章 風土論雑感

　地理学の中に1960年代以降ヨーロッパにもアメリカにも歴史地理学という分野への関心が急速に広まりつつあるといわれる．その内容が未だ確定しているとはいえないように思うが，われわれが「自然と歴史」を考える上でも，また歴史と地理の交渉という意味でも面白い問題を投げかける．

　もともと歴史地理学は地理学史の一つとして，就中人文地理学史としての意味合いから出発したと思われるが，当初は集落の発生史を主題とする傾向が強かったと思う．総合性，全体性を持つ集落の歴史的発生学的研究が当初の歴史地理学の目指すものであり，「歴史的集落景観研究」なり「集落文化景観研究」などと呼ばれた．

　この歴史地理学は1960年頃から新らしい展開をみせる．ヨーロッパの歴史地理学でいう景観とは眼にみえる風景ではなくて，築かれた文化の様相のことである．つまり歴史に刻まれた風土そのものである．景観論は即ち地理の言葉での風土論を意味している．

　イギリスの地理学者ダービー（H. C. Darby 1909）は1953年に「地理学と歴史学の関係について」，さらに10年後には「歴史地理学」（Historical Geography）を書いた．この前者の論文で，ダービーは「歴史の背後にある地理」と「地理の背後にある歴史」の二章をあげているが，それは和辻の「風土的歴史」と「歴史的風土」にそのまま一致する．10年後の論文では「歴史の背後にある地理」（Geography behind History）は「地理的歴史」と改題され，「地理の背後にある歴史」（Hisory behind Geography）は「変化する景観」と修正されている．和辻のいう「歴史的風土」は「変化する景観」であった．ダービーにとってはまさに「変化する景観」こそが歴史地理学の主要な対象であった．くりかえすが和辻では「歴史的風土」の部分は薄手である．地理学でも「地理の背後にある歴史」への切り込みは弱い．「変化する景観」を主題とする歴史地理学の狙いはここにあった．

　ダービーを初め，その他の地理学者が提唱する歴史地理学は必ずも確定した内容を提示しているとは思えないが，それでもある方向性を持っているという点で一致している．

　それはまず過去の地理をひろくは文化景観を現代に復元するという作業から始った．過去の地理の復元という意味で現代地理との対比で歴史地理学とよんでいるようである．一つの時代の断面をきって種々のデータを投げこみ地域的

映像を景観として復元してみること，これが歴史地理学の課題とされた．地理的データとともに歴史的データも投げこまれる．その総合的判断に大きな役割りを果したものは製図学と地図学の発達であったといわれる．空中写真もグラフィク・テクノロジーの手法も有効であったろう．景観の復元によって，人は過去の地域の地理を知ることができる．

しかし現在歴史地理学が取り組もうとしているのは，歴史としての時の流れを知る必要から断面の連続的な復元である．比較的長期の間隔で断面的復元を考えてもいいものと，比較的短期に復元を計らなければならないものもあろう．海岸線の変化，道路，鉄道の敷設による変化等のこうした接近による研究はよく知られているものも多いが，イギリスの荘園の研究にもこの種の手法がある．

地理学が新しい接点を歴史学に求めて新方向を見出すために歴史地理学もたしかに注目していい課題を与える．しかしそれでも「地理と歴史」はここでも基本的にその領域を守ろうとする姿勢はあまり変ったとも思えない．

それならば「歴史と地理」を結ぶ新しい研究方法として何が変えられるだろうか．人間存在の風土論に関連して歴史地理学はもっと有効な接近方法はないのか，最後にそれへの私見を簡述する．一つは地誌学への歴史と地理の共同研究の充実である．それは地方史学や地域研究につながっていく．もう一つは行動理論の歴史学，地理学への応用である．経営経済学に生れた行動論は，歴史や地理の分野でもこの点に関して有効性を持つはずだと思う．

地誌研究（Länderkunde）は自然地理の場合でも人文地理の場合でも，ともに長く地理学の主流の一つとなっているようである．もっともドイツを中心とする地誌学は人間を取扱ってはいるが地表のある空間において生物としての人間の自然的環境形成のための生態論であり人間の生物学的研究の色彩が強い．とくに地形を中心とする地表の形態論的な地理学の流れを代表している．一方人文地理は主としてフランスの流れがつよく，自然と社会の本質的な区分をしないままに，いいかえれば地理と歴史の分離のない状態のままに一体的な複合地域現象をそのまま捉えて，これを地誌研究とした．しかし研究方法上の不満は残っても地誌論から地域論に展開できる可能性を内に蔵している．一方，歴史の立場でも地方史の研究は大きな成果をあげ，通史を意義づけるものとしての個別地方史研究は不可欠であろう．歴史学と地理学の両者からの地誌の研究は

その基本であってさらに進める必要がある．

　もう一つあげたいのはアメリカの地理学者ベーカー（A.R.H. Baker 1938－）らがあげる行動論的接近の試みである．従来の地理学は空間的パターンにのみ注目していて，ミクロなレベルでの発生過程を無視しているとベーカーはいう．行動理論は人間の主体の意義をより明確に示すであろう．なるほど企業経営学における行動論等の方法は個人の行動が主要な対象のように見える．たしかに歴史的なデーターは個人の行動よりも集団の行動が問題なのではないかと考えられる．しかしとベーカーはいう．社会学や歴史学等においては家族や集落の分析に行動理論が援用されてその視野を拡げているではないか．歴史地理学もその時代の景観そのあり方，変化を理解しようとすればそれは行動論への接近を有効とするのではないか．景観に対する個人の感覚やイメージは行動理論に深く関係する．和辻の「風土と気質」は行動理論でもう一度トレースすると面白い．人は地上に歴史をつくり，地表に地理をつくる．

参考文献

1) 和辻哲郎「風土―人間学的考察」岩波書店 1935
2) 玉城　哲，旗手　勲「風土，一大地と人間の歴史」1974
3) 古島敏雄「土地に刻まれた歴史」岩波新書 1967
4) オギュスタン，ベルク，篠田勝英訳「風土の日本」筑摩書房 1988
5) 山田洸「和辻哲郎論」花伝社 1987
6) 藤岡謙二，服部昌之「歴史地理学の群像」大明堂 1978
7) 菊地利夫「歴史地理学方法論」大明堂 1977
8) 野間三郎「近代地理学の潮流」大明堂 1972
9) 加藤義喜「風土と世界経済―国民性と政治経済」文眞堂 1985
10) A. R.H. Baker : A Behavioural Approach to Historical Analysis Tronto.
11) 金沢夏樹編「経済的土地分級」東大出版会 1973
12) 服部昌之，木原克二，田畑久夫「ダービー Henry C. Darby」藤岡謙二，服部昌之「前掲書」1978

第6章 「農業構造改革推進のための経営政策」（大綱）所感
－個と向かい合う農政－

1．はじめに──転換期の農業政策──

　昨年の夏（2001年8月）に政府は農業経営政策の基本構想を「とりまとめ」て公にした．この構想は農業経営という経済主体の育成強化を農政の大きな柱の一つに据えようというものであって，そのための政策体系を世に問うたものといえる．農政のスタンスに新しい時代の到来を感ずる．

　しかしその論理のしくみを些細に検討すると，長く農業経営という主体の発展の道すじを考えてきた者の眼からみてある異和感を強く持つ．この経営政策の構想は「農業経営政策大綱」として問うものであったようだが，実際には「農業構造改革推進のための経営政策」という名のもとに提出された．事実これまで構造政策とよばれてきたものと，この新しい経営政策は意識的にも深く結びついている．国政としての経営政策はもちろん構造改革につながるものでなければならないが，それは従来の構造政策の体系をそのまま踏襲していいということではない．新しい構造政策の手法が必要である．私がこの経営政策の「とりまとめ」に異和感を抱くというのも，一口にいえば国と農業経営という主体との二つの間の相互交渉の苦悩が十分に伝えられずに，国から個への要求の強さのみが印象づけられるからである．

　もちろんこの「とりまとめ」も自立経営を唱った旧農基法の時とは違う．生産力を高め農業従事者の地位向上を計るというスタンスから，農業経営の自発性，自主性にその軸足を移そうとする意図はうかがえる．しかし個とか，自主性，主体性を汲み上げようとすれば，それは現在の体制の中でどれほど苦悩を伴なうものであろうか．それは「個と国」という問題に直面するものだからである．

　それは別の言い方をするならトップダウンとボトムアップの二つの政策体系の対抗をいかに調整するか，そのため相互交渉の問題だということができる．

つまり別々の主体性を持つ国と農業経営者の相互交渉の問題である．農業者が主体性を欠くならば，経営政策など始めから成り立たない．要は農業経営者の主体性に立ったボトムアップの体系を国政としての支援施策の中に組み込み経営者の主体性を汲み上るかに絞られる．ボトムアップは本来，経営者自身が基本的な経営戦略を持たなければ何も始まらないし，主体性を重層的に積み上げいく体系である．

これに対し，トップダウンは国政を下達する行政組織である．いま日本の農業政策は経営政策において国家と個という局面を始めて持った．

しかしこの「取りまとめ」を一読する限り，この二つの対立の緊張はほとんど伝わってこない．私は一つの理由は経営政策を構造政策そのものとして網をかぶせようとしたところにあると思える．更めて経営政策と構造政策の関係を考えてみる必要がある．「取りまとめ」は論理の体系がやや平板的である．その理由は多分，農業経営者の論理と国政の論理の違いに十分な思索がないためであろう．この二つの接点と調整を見出すためには農業者も国もともにその苦悩は大きいはずであるのに，支援策という名で単純化されては困る．農業経営政策は下から上へ，上から下への往復の眼を持ちながら農業者の主体性を生かす方法を探るものでなければならない．農業者の基底にある喜びと苦心の置き所は何処にあるか，政策担当者は農業者の主体性とは何かを感知するうえで十分な理解を持つ必要がある．

日本農業の近代化が論議されて久しいが，しかし，最近まで国政としての農業問題に農業者が中心的に据えられた例は少ない．もちろん農民を単なる生産者の立場から，マクロとしての「農民層の社会構造的分析」は多数にのぼるがそれは個体としての農業経営の内部構造にまで立ち入ったものではなかった．それは農民問題としてその貧困の理由を資本主義経済の「おくれ」と「ゆがみ」から説明しようとするものだったがそのなかで地主制論議が主流をしめた．農業者としての主体性云々はまったく論議の外にあったといえる．

農業経営という個別経済が主体性を持って日本農業の索引力の役を果たすべき期待が生まれたのはごく新しい．旧農基法以来，自立経営や中核農家とよばれたものはあったが，農業の活力は基本的に個別的な農業経営に俟つしかないという認識は日本農政の大きな転換である．国はいまそのために望ましい農業経営像を描き「育成すべき農業経営」として農業経営政策の中心課題におき，

その支援策を施策として体系化しようと乗り出した．国が個としての農業経営と向い合おうというのである．

しかしいま述べたようにその「取りまとめ」を読むとそのインパクトは余り強いものを感じない．かえって危惧を感ずる点もいくつかある．新しい農業基本法から農民という用語は消えて農業者に代った．さらに農業経営体という用語も誕生した．農家という仕組みにではなく，農業経営という事業に中心をおいて日本農業の課題を考えようというのである．新しい農業経営政策が農業の活力の根底に農業者を置くというその方向は評価するが果たしてボトムアップの経営政策に国政としていかに関わることができるか，農業経営の発展を願ってきた者として心配は半ば残る．

2. 横井時敬の「個としての農業者」の主張

それでも明治の頃から人的資源としての農業者の重要性に大きな焦点をあてた人々もいた．その代表的論客に横井時敬の名をあげることはいまでは常識でさえあるが，彼の農民問題の意識の根底にあるのは貧困な物言わぬ農民層の存在だけではなく，自己の意見と主張を持つ日本の中核層と考えるべき企業的農業経営の待望であった．横井の頭にあったのは明治末まで日本内地の各地に広く存在していた7haから10haの地主自作の豪農経営の姿であり，創意と工夫力をもち地域的な指導力を持って，それなりの雇用労働力も保持するいわば企業的な農業経営の実態であった．横井はここに日本農業の担い手の夢を託した．いまの言葉でいえば横井は物よりも人こそが活力の源だと信じたのである．

横井には「個」が持つ意義について，はっきりとした認識があったようである．「農民が自己の利益を主張するは，その権利にして義務なり」．この横井の言葉こそよく彼の農業問題へのとりくみの姿勢を示すものはないと私は思う（個人本位の立脚論，横井博士全集 第10巻）．さらに横井は言っている．「一度農民が個人主義に移り而してその後共同主義に至らば，ここに始めてその自治をみることができる」．（偶感，横井博士全集 第5巻）．個の自覚なくして農民の眼は社会に向けられない．農民の社会への眼は個の意識を通して自治にむけられていく．公としての国家へのつながりを農民に求める前にコミュニティーとしての自治的つながりにこそしっかりと培うべきではないか，横井には

国家に忠実な農民よりも自分に忠実にしっかりと主体性をもって生きていく農業者を願っていた．

横井には「農業者」と題する論稿がある（横井博士全集 第6巻）．さきに述べたように新基本法以来国は農民という用語を廃し，農業者に代えたが横井がこの論文を書いたのは明治39年であって100年近い昔であった．横井がいう農業者とは職業として農業を営み経済的感覚も持って生産という創造的事業に努力する人々である．横井はこうした農業者が育つことを願って，あえて「農民」と区別したと言っている．

横井のこうした農業者に強い視点をおいた主張はしかしきわめて少数派のものであった．福田徳三との自由貿易論争でも横井は農業者の立場から保守的であった．「横井は農民をみて国家をみない」という一般の批判は農業のインダストリヤリゼーションを高く掲げた近代化を急ぐ風潮から見れば横井の主張のごときは些か小さいことに見えたためであろう．農民，農村の貧困はすべて社会制度の遅れに基因するとされた．横井の農政に向けられた眼は広く，かつ鋭いが，それは強い農業者が育っていくために適切か不適切かにすべて収斂するものであったといっていい．

しかし横井が具体的な望むべき農業者として描いていた地主手作りの豪農経営は地主制の進展とともに，次第に生産を離れて寄生地主の途を歩んだ．人口の流れも，資本の流れも，農村から都市への流出は激しさを増した．豪農経営もその存立の基盤を急速に失い始めた．明治の末期から大正初期にかけて日本の地主制はピークを迎えている．地主は最早や生産者ではなくて単なる地代収取者の性格を強める．横井の苦悩も苦闘もいよいよ大きいものがあった．

横井の有名な「中産階級論」はこの当時のことであった．「一国の元気は中産の階級にあり」として，活発な想像力と一定の収益を確保し意志も強い農業者を一国の元気の源として位置づけようとしたのである．それを中産階級とよんだ．いまの政府のいう「望ましい農業者」にほとんど同意義である．

こうした社会階級論として中産階級を考え，そこに農村の自作農，都市の手工業，小売店舗の経営者等を含む創造的技能者の階級を一種の社会改良論とする考え方にはドイツにもあった．

柳田国男も中産階級としての農民論を書いているが横井やドイツ歴史学派の主張と軌を一にする．東畑精一のいうところでは，横井のビジョンとしてイギ

リスのヨーマンリーが彼が願う農民像として浮んでいただろうと書いている．

　農業経営政策は農民を対象の焦点にすえるものには違いないが，日本農業の牽引力となる農業者ないし農業経営者を直接の対象とする．農家にある種の選別を行うことは，ごく最近まで日本の農政の好まざるところであった．とくにその能力の差を云々することは行政も躊躇するところであった．一括しての500万農家であった．農政の主目的が農業経営の外にあったからである．

3．農業経営政策への足どり

　とはいえ，農業経営への着目の意義が大きくなってもそれを政策の体系の中に組み込むことは容易に実現しなかった．理由は二つある．

　一つは経営という個別的私的な対象は国の公的対象とは異質であること．個の独自性に国の介入など行うべきではないという本筋論である．

　二つはその主体性を云々するべきほどの力が農業経営にはまだ不足していたという事実であろう．

　しかしこの二つの理由は絡みあっていた．

　官の主導の農政のもとで経営問題は表にでないままに生産振興事業そのものであった．

　昭和40年代に，私はいまで言う集落営農組織のあり方を政府に提言して，その支援の在り方を農業経営政策として提示したことがあった．時の農水次官はこれに興味を示し，国が経営問題にタッチする政策体系について質問を受けたことがあった．農水省として経営政策は始めて聞く概念だったらしい．

　農業経営問題がおもてに現われ，国際化，自由化の過程で個としての経営体の認識が広がる中で，政府も国と個の間の関連性に悩まざるを得なくなった．それは論理的にも施策的にも深い思索を要する問題である．しかしさきにも述べたように，今回の農業経営政策大綱のための「取りまとめ」にはその苦悩のあとがうすい．個と国の相互交渉の考察に欠いているからである．一口にいえば，国の要求の姿を実現するための受け皿として個のあり方が求められているのみであって一方的な論理といわざるを得ない．個はそこでは国の経済の一分割単位にすぎない．経営政策の生みの苦悩の影がうすいというのは個と国との緊張関係にまでふみこんで国が取り組もうという積極的な姿勢を感ずることができないからである．しからばこの緊張関係とよべる程のものが農業経営とい

う個と，国との間に存在するほど個は成熟しているというのか．少くとも高い発展レベルに達している農業経営にとってこの緊張関係は現実の問題である（金沢夏樹編集代表，八木宏典，稲本志良編集責任「日本農業経営年報」第一集「農業経営者の時代」農林統計協会，2001年，参照）．もっと国は伸びようとする個の内発力と方向性に注意を払うべきである．

しかし経営政策を単に構造政策の一環であるとして，そこに終始する考え方は意外に多い．

一定数の農業経営に規模の拡大を重点化，集中化することをもって，その施策を講ずることが経営政策だと考えるならそれは一方的である．問題はそれが真に農業経営の自主自立のための支援に役立つことができるかどうかにある．国は農業経営自身の意志決定に直接介入するべきではない．支援とはその意志の方向を伸ばすために手を貸すことである．とはいえ農業経営の内発的要求だからといって，国はその立場からつねにそのまま受け入れられるものでもない．農業経営政策はこうした緊張関係の苦悩の末に生れるものである．

農業経営政策は言うまでもなく，構造改革に結びつくものでなければならない．しかしそうだからと言って国が描く望ましい農業経営の育成を急ぐあまり，単なる受け皿としての政府御用達づくりに終らせてはならない．もちろんモデルを示すことは必要ではあるが，農業経営のための条件を整備する手法は国が用意するものと同じである必要は少しもない．農業経営発展のための条件整備の手法は経営戦略としての農業経営者の最大の知恵の出しどころである．国の施策も農業経営者にとっては一つの選択肢にすぎない．

4．二つの経営政策

こう考えてくると国の施策体系にボトムアップの思想を注入するための農業経営政策は次の二つの立場が本来重なり合っているべきものであることがわかる．① 一つは国政としての構造政策の一環としての地位を与えられるべき立場である．当然のことに国としての産業構造全体の立場から農業構造が想定されその受け皿としての個別経営の姿が描かれる．手法はトップダウンである．② 二つは農業経営の発展，成長のために経営者自らがつくる基本戦略としてのポリシーの立場である．ドイツではこれをベトリープス，ポリティクとよんで，国政の問題としてではなく経営者自身の領域の問題とした．つまり経営政

策とは国政の問題となる以前から経営学では論じられてきたところであって，それは個が社会の中にいかに生きていくかのための基本理念と戦略を意味するものであった（金沢夏樹，「農業経営と政策」地球社）個は社会の中に生き社会との関係の中で始めて個たりうる．経営政策という概念は個とは開かれた個であるという認識から生まれた．個は個であっても社会的存在である限り個はつねに社会とつながっている．ボトムアップという考え方をわれわれが重視するのは，個はつねに社会に制約されているということのみではなく，社会の形成に向って働きかけるものだからである．個の能動性を私は重視する．

いま政策の立案という視点から考えると，今回「取りまとめ」として提出された「農業構造改革推進のための農業経営政策」はいうまでもなく，①の立場から国の方策を整えたものだが，強い国の主導姿勢が構造改革推進のために一貫している．したがって②の視点に立って，農業者の主体的な参加がどんなに重要であり，それに対してどんな配慮が必要かに思い悩むところがほとんどない．その点からいえば気楽な「取りまとめ」である．率直にいってこの経営政策の「とりまとめ」の成果にほとんど期待を持たない農業経営者が多いのではないか．というよりも，今や新しい農業経営発展の方向と方策は農業経営者の自力によって拓く以外はないと決意を固めている人々も決して少なくないであろう．

このように「官」を頼まず，「自から」を頼む農業経営者の出現は喜ばしいことである．しかしだからといって国としての農政は重要度を軽くしたというわけではない．国の農政の中に適正に経営政策を位置づけることがいよいよ必要である．国のこれまでの構造政策のように物的整備を画一的に支援するだけの方式は止めなければならない．相手は農業経営という「人」であり「総合体」である．新しい農政の転換が求められる所以である．

私自身はこう考えている．経営政策を政策として引き出すということは，経営個体がその内部に持っている社会性をどのように引き出し，それにどのようにつなげるかにかかわることである．農業経営という個の持つパブリックな側面に強い光をあてることである．

もともとパブリックということは統治的組織の「公」を意味する場合と，個の連帯としての「共」を意味する場合の両側面がある．個をとりまく社会として公は個と縦の関係を形成し，「共」は横の関係を形成する．国政としての農政

は農業経営者にとって公としての縦の関係にあり協同化や地域農業は横の関係としてつながる．重要なことは公と個とは対立関係にあり，命令関係にあるが，個と共とは自己充実を伴う連帯関係にあることである．しかし日本の農政はこれまでは公の側面が強く官の主導の下に体系化された．「共」との関係は農業経営の自己発展のための連帯という問題に関する限り，ごく新しいことに属しよう．

丸山真男は法治国観念も官憲主義の一側面であるかどうかを問われて，それこそ官憲主義そのものだと答えている（大江健三郎「丸山真男の言語作用」―「鎖国をしてはならない」所収，講談社，2001）．だとすれば国の行政体系がタテ割であることに並々ならぬ強力性がその背後に存在していることを知る．トップダウンは行政の本質に近い．だとすれば国政によるトップダウンの政策は最小の範囲に止まるべきであり，農業経営者自身の意志決定と自由裁量の余地を大幅に尊重すべきであって，そのための農業経営者側に立つ組織化こそ重要事となる．しかし公としての国政のトップダウン体系と，「共」としての農業経営者の組織化によるボトムアップ体系がそれぞれ別個に説かれているだけでは意味がない．二つの体系は総合的にその守備範囲の分担を確め合い，接点を求める努力によって，始めて経営政策としての実効性を持つことができる．経営政策は官と民との協力によって始めて一本化できる．農業経営政策を単なる構造政策に終らせないためには，どうしたらいいか．

5．新農業経営政策の具体的な二，三の課題

国の示す「農業構造改革推進のための経営政策」はおよそ以下のような論理構成となっている．

まず経営政策の育成すべき経営体とは「食料，農業，農村基本法」にいう「効率的かつ安定的農業経営」であるとされる．効率的かつ安定的な農業経営とは主たる農業従事者の年間労働時間が他産業従事者と同等であって，しかも主たる従事者一人当たりの生涯所得が他産業従事者に遜色のない水準を確保できるだけの生産性と経済性の高い水準を保つ農業経営のことである．この効率的，安定的農業経営は実際には認定農業者がこれに対応するものとされるが，そのための検証見直しの作業を伴うべきものとされる．

しかし一方，この「育成すべき農業経営」は食料自給率の向上を基本にした

食料の安定供給を中心的に担う農業者経営とされているところにもう一つの特色がある．このため品目別に食料自給率のすう勢値が10年後（平成22年）まで示される．それでは育成すべき経営とは具体的にどんな姿のものか．

　この効率的安定的農業経営は当然に経営モデルが示され，経営規模や装備の姿が描かれる．こうした農業経営によって日本の食料生産の大部分を担うものとするというのである．したがって結果的にそのために必要な農業経営体の戸数が算出される．具体的に約40万戸（体）（法人も含めて）の日本農業の中心的経営体を10年後の姿として想定しようというのである．したがって40万戸という数字は望ましい育成すべき効率的安定的農家の経営設計をもとにした全耕地面積から割り出されたことになり，40万戸で食料自給の大筋を通そうというのである．さらに育成すべき農業経営のなかに以上の他に集落営農を含めた方がいいかどうかは問題があるとして残してあるがこれは後にふれる．

　育成すべき農業経営の日本農業の中での位置づけを以上のように行った後，関連施策を重点的にこうした農業経営に集中するための三つの施策領域が次にあげられている．

(a) 一つは40万戸の望ましい農業経営育成のために構造改革を重点的，集中的に進めることであり，農地等の生産要素の集中化，地域農業の核となる農業法人の育成など規模拡大路線を中心とした効率化の推進が主題となる．

(b) 二つは安全，安心の食料供給システムによって消費者の信頼を得ることがあげられている．消費者の視点にたつ経営戦略の必要がうたわれている．

(c) 三つには経営の転換に伴う価格変動リスクのためのセーフティーネットの整備があげられている．自由市場と競争は激しい価格変動のリスクにさらされる．価格支持に直接関わる保護政策とは異る新らしいセーフティーネットである．「農業経営所得安定対策」とよばれるものである．自由な市場経済下での農業を支えようとする新しい試みである．従来も似たものとして作物保険の対応が取られてはいたが，農業経営として全体的な所得補償の対策を考えようというのである．

　そこで以上をふまえたうえで，「構造改革推進のための経営政策」全体を通じて，とくに気になるというか，より深い検討が必要ではないかと思える2～3の点をあげてみよう．経営の主体性をいかに活かすかにすべて関わっている．

（1）効率的安定的農業経営モデル

　効率的安定的農業経営の姿とは具体的にどういうものであるか．それをモデルとして示す必要がある．平成12年7月に出された政府の「食料，農業，農村基本計画」には従来よりも進んで地域別経営類型別の経営モデルが示されているがこれは誰のために示したモデルか．誰を主要な利用者として念頭においているのか．

　残念ながら，そこにはほとんど実際の経営担当者でありそのモデル利用者であるべき農業者がどんな対応ができるか，全くわからない．直接的には行政担当者にその目標数値を示し指導の便に供するためのものであろうからこの経営モデルは経営者の実践のために役立つためのものとは違う．なぜなら経営者の参考になるのは経営の拡大と改善のプロセスであり単なる目標数値ではないからである．「基本計画」で示しているのは地域ごと，経営類型ごとの望ましい耕地規模，技術体系としての資本整備，労働力と結果として生産性収益等々である．行政の達成の目標の目安にはなろうが農業経営者にとっては単なる結果でしかない．経営管理改善には参考にならない．

　経営政策は行政の上に役立つものであるだけでなく，農業経営者に示唆するところがなければ意味がない．農業経営者が先進事例から学ぶものは結果的数値ではなくてもっと内容的なものである．たとえばである．農業経営者が最も注目するのは優れた農業経営者が何をメリットとして作目の結合を計画するか，その原則としている考え方は何か，その実現のためには何が条件であったかを知ることである．土地利用度の増進か，持続的，生態的条件はどう生かされるか，拡大した資本装備の利用度の増進か，耕種と畜産の結合のようにそれぞれの生産物の相互利用か，加工部門の取り込みか，まず経営者はそれを知りたい．作目結合の型には太い線で結ばれるいくつかの方式である．それらのどれを選んで自分の経営の型を決めたメリットは何であったか，そして今日までの経過の中で出合った困難はどんな種類のものであり，どんな方法でのりこえてきたか．こうした農業経営者の関心に無頓着にモデルの結果的な目標数値にだけ関心をもつ行政対応は危険である．

　私見を申し述べると，認定農業者の経営のいくつかの事例について，地域性も経営類型をふまえて，経営分析を示し，本当に農業経営者の実践の参考となるように具体的に解説し紹介する意味が非常に大きいと思う．経営者がそれによ

って，自己検討するための材料として利用できなければ意味がない．経営モデルを示すことは望ましい経営の姿を具体的に示すために是非とも必要である．しかしそれはモデルはモデルでも経営の組み立ての論理が伝わるほどの内容を備えるものであってこそ，意味がある．単なる行政指導と督励のための指標を与える感覚では困る．認定農業者の経営分析を効率的安定的経営への道筋として積極的に利用したらどうか．

（2）認定農業者

認定農業者は事実上，今回の農業経営政策の中で中心的な意味合いをもっている．経営政策が育成すべき効率的安定的経営とは基本的に認定農業者のいる農業経営であること，さらに経営所得安定対策の対象とすべき経営も同様に認定農業者の経営を基本とすることが明記されているからである．

認定農業者制度は平成5年に施行された「農業経営基盤促進法」に依拠したものだが，これはそれまでの農地利用増進法の改正の上に成立した．農地の流動化の促進のための農地利用増進法はこれまでは主として土地利用型とよばれる農業経営を対象としていた．経営基盤強化促進法では，これに加え施設型や複合型の経営も広く対象としている．農地流動化と併せて経営自体の強化による中心的担い手育成に集中したのである．

認定農業者が認定されるには経営改善を希望する農業者の作成した経営改善計画が市町村で認定される必要がある．市町村はその地域にふさわしく，実現可能な農業経営の姿を将来に向って構想し，その構想を基準としながら，農業者の改善計画を審査し認定するという形をとる．現在認定農業者約17万8,000人，内法人約6,800人（2001年12月）

この数値は「経営政策」が10年後を見通して育成すべき効率的安定的農家を40万戸にしたいとするのに比較すればまだ低い数値だが，数だけ合せればいいというものではない．なるほどと周囲の農家が思える経営を見出し，そのすぐれた経営内容を周囲の農家に同感させることができるようなPRに精力を使うべきである．形の上の枠組みの数値を示すだけでは能がなさすぎる．共に考える材料を与えるほどのものであってほしい．

認定農業者は市町村の認定審査会で最終的に認定される．市町村は農業関係機関（農協，普及センター，農業委員会，公庫等）で協議を重ねて所得目標，目標労働時間，営農類型等について詳細に指標が試算されるが，いずれもこれは

基本的には県の数値をベースとしていることが多い．市町村審査会は農業者の経営改善計画を，この指標にもとづいて認定することになるが，そのために次の3点が重点になるという．①地域に適切な経営であるか．②実現可能性が大きいかどうか．③農地利用の効率化が考えられているか．

認定農業者に対する支援措置は農用地利用集積のための支援，税制上の特例，金融上の支援，相談窓口，研修，情報提供等の経営改善支援センターの設置などいろいろ用意された．しかしいまのところ，いわゆるスーパー総合資金とよばれる金融上の措置以外に多くの農業者が認定農業者志向にむけて手を上げる魅力に乏しいようである．無理に数合せを進める必要はないが，育成すべき効率的安定的農業経営が認定農業者の経営を基本とするというのであれば，もっと積極的な取り組みが望まれる．

認定農業者制度の実施の実情を含めて，意見なり批判も多い．その批判には農業者としての視点にたつものと，行政の現場からのものと二種類あるが，この批判のうち認定農業者制度の現在の基本問題点だと私が考える2～3の点をあげて，しめくくりとしたい．

一つの問題は認定農業者の認定基準が地域によってバラバラであって施策として不都合だという意見に対してである．しかし私は地域のちがいを正当に反映させることにこそ重要であり，バラバラが当然だと思っている．とはいえ，このバラバラは十分な客観性をもたねばならない．適正性は重要だが画一性は困る．

たとえばまず目標とすべき生涯所得の算定基準からして市町村ごとに違うのがむしろ当然であって，バラバラを算定の厳密さの欠如の故とするのは誤りである．そう思うのは行政感覚のみが先行しているからである．

この市町村の認定基準がバラバラだということは，それは地域ごとの経営経済条件が違うという理由以外にその実現の可能性の条件について農業者は行政とはまた違う感覚を持っているためである．農業経営が成長し発展していく過程は規模の拡大といってもそれはつねに経営としての事業量の拡大の過程を言うのであって，そのためには土地，資本財等の装備を大きくしながら，そのうえで季節生産という回転度の制約がある農業生産の特色をふまえ，装備が適正に回転するように操業上の特別の工夫に苦心しているのである．農業経営の規模拡大は単なる固定的装備拡大に止まらず，さらにその上に適正な操業を実現

させて，事業量の拡大につなげてこそ始めて意味がある．土地利用の農業生産とは，そういうことである．行政が規模拡大を云々する時は形の上の装備上の拡大だけを言っている場合が多く，農業経営者が拡大をいう場合は，その拡大した装備の適正な操業度を実現した事業量の拡大までをさしている．装備が拡大したからといってそれに見合うべき適正な事業量はそのまま拡大しない．そのためには農業技術的にも経営的にも新しい工夫や改善を要するところが大きい．行政の規模拡大の考え方はこの点ノンキである．しかし事業量の拡大を考える農業経営者は実現可能の計画となれば，もっと慎重にならざるを得ない．これまで行政の念頭には，装備自体の拡大ということはあっても，それが拡大する程適正な操業の実現にどれだけの知恵と技術が要るものかについての理解はうすい．適正な操業度の実現の見込みの計画が立たないうちは農業経営者は装備の拡大も安易にはしない．認定農業者の認定基準がバラバラだという一面の理由には市町村の規模拡大の認識の深さの違いがあるように思う．経営支援策とは物的整備だけではない．

　その二つはこうだ．認定農業者制度は経営者個別の制度になっていて，地域との関係が弱いという批判がある．もっともである．地域なり「共」との連帯に積極的に取りくむべきことは当然である．とくに面的連担は基本的条件である．「育成すべき経営」として集落営農も対象にするかどうかに議論が分れて，問題として残されている由だが，望ましい農業経営の展開のために，地域との関係はもっと踏み込みが必要である．その出発として個の発展と集落とのかかわりをどう考えるか．集落営農の現状はそれなりに評価はするが，育成すべき経営体としてはまだ問題が確かに多い．

　しかし集落営農の展開の経過はもともと農業者の自発的要求と発想から生れた歴史をもっていると私は考えている．実際には現在でもいろいろな型がある．同じ共同利用でも個人作業の場合，共同作業の場合，オペレーター方式の場合，等があるし，「集落農場」方式やまた中核農家の規模拡大につなげる方式等もある．ゆるい結合から，比較的タイトな結合まであるが，実情に応じた柔軟性が特色だと思える．

　滋賀県は安定兼業地域として県全体として集落営農の推進に取り組んだ県として有名である．県の集落総数 1,602 のうち 800 集落が集落事業促進に参加し，一集落当たり平均 1,000 万円を投じてきた．何がそれ程の魅力なのであろ

うか．また集落のどのような力をその根拠において頼りとしているのだろうか．

　おそらくは多くの指摘があるように滋賀県の場合，通勤可能な安定兼業地域に立地する土地利用型経営が主体であり，したがって麦と大豆の転作対応を組織化する契機が加わったこと．さらに滋賀県は集落の結合力が強く寺院も概ね集落ごとに持っているといわれる．

　だがその理由は何よりも集落営農がいま述べたように多様なタイプの柔軟性を持って対応していることであろう．営農方式の選択は集落の合意に従って多様であった．それは滋賀の集落という形に適した農業者の経営の維持と展開の内発的発想であったに違いない．そこには柔軟性があった．

　考えてみると共同組織の形はたとえば愛知県に始まった集団栽培，栽培協定，トラスト方式などすべてが農業者の発想から生まれたものだけに非常に弾力的であった．農業者の必要が生み出した知恵であった．それは農業者が個を伸ばすために積極的に集落を利用しようとしたものであった．私は生産調整施策以降ある時期から行政が集落機能を利用し始め，結果として農業者は良くも悪くも集落問題を行政的なものとして受け取る感覚を強めたと感じている．

　集落という社会組織はこれまでとくに農業生産なり経営の発展にとって一つの大きな束縛要因としてマイナスの面も指摘されてきた．土地と水の共同性は現存の農業に合理的であっても新しい農業の展開のためには否定されるべき点が多いのも当然だが，しかし農業経営が拡大の道を歩むためには必ず他の経営との連携を必要とする．農業者はそのための地域的連携を自ら求めるものである．個の発展にとってそのための地域形成は別個のものでない．

　農業経営にとって，とくに土地利用型経営とよばれるものにとって，地域形成の端緒はまず集落であろう．集落営農の柔軟性の内容をさらに検討したい．

　集落営農を育成すべき農業経営の対象に入れるべきかどうか．それは個別経営の発展路線上に地域を置いて，自分の問題としてどのように組みこんでいるか，その点にかかっている．

　日本の農業生産の担い手として膨大な兼業農家をどう位置づけるか，もちろん重大問題だが，一応本論では効率的安定的農業経営がその形成の過程で，どのように地域に働きかける積極性をもっているか，その点にのみ着目することにして，兼業農家問題は別に論じたい．

冒頭にこの農業経営政策の「取りまとめ」は国は農業経営者と直接対峙するものとしての緊張と苦悩が弱いと書いた．しかし私の周囲にもそれを行政に望んでみても無理というものだと言う人も多い．しかし農業行政は転機に入った新しいタイプの農業経営者も生れている．行政は下達一方の指導を捨てて真の支援とは何かを探らなければならない．

参考文献

1) 農林水産省「農業構造改革推進のための経営政策」 2001
2) 農林水産省「食料，農業，農村基本計画」 2000
3) 横井博士全集，大日本農会
4) 金沢夏樹「農業経営政策の構想」「農業経営と構造政策」
   金沢夏樹編「農業経営と政策」所収，地球社 1985
5) 金沢夏樹編集代表，八木宏典，稲本志良編集責任「農業経営者の時代」農林統計協会 2001
6) F. Aereboe "Agrarpolitik" Paul Parey, Berlin 1928

著者略歴

金沢　夏樹（農学博士）
　　　1921年　秋田県に生まれる
　　　1962年　東京大学教授
　　　1982年　東京大学名誉教授
　　　1982年　日本大学教授，日本大学国際地域研究所長
　　　1991年　日本大学顧問
この間，日本農業経済学会長，日本学術会議会員
紫綬褒章受賞

住所：〒167-0041　東京都杉並区善福寺3-34-1

| JCLS | 〈㈱日本著作出版権管理システム委託出版物〉 |

| 2002 | 2002年11月20日　第1版発行 |

農業と農学の間

著者との申し合せにより検印省略

Ⓒ著作権所有

本体2000円

著 作 者	金沢　夏樹（かなざわ　なつき）
発 行 者	株式会社　養賢堂 代表者　及川　清
印 刷 者	星野精版印刷株式会社 責任者　星野恭一郎

発行所　株式会社　養賢堂
〒113-0033　東京都文京区本郷5丁目30番15号
TEL 東京(03)3814-0911　振替00120
FAX 東京(03)3812-2615　7-25700
URL http://www.yokendo.com/

ISBN4-8425-0337-8　C3061

PRINTED IN JAPAN　　　　製本所　板倉製本印刷株式会社

本書の無断複写は，著作権法上での例外を除き，禁じられています。
本書は，㈱日本著作出版権管理システム（JCLS）への委託出版物です。本書を複写される場合は，そのつど㈱日本著作出版権管理システム（電話03-3817-5670、FAX03-3815-8199）の許諾を得てください。